中国地质调查成果 CGS 2017-044
内蒙古自治区矿产资源潜力评价成果系列丛书

内蒙古自治区
铬铁矿资源潜力评价

NEIMENGGU ZIZHIQU GETIEKUANG ZIYUAN QIANLI PINGJIA

张永清　闫　洁　韩建刚　等著

图书在版编目(CIP)数据

内蒙古自治区铬铁矿资源潜力评价/张永清等著. —武汉:中国地质大学出版社,2018.7
(内蒙古自治区矿产资源潜力评价成果系列丛书)
ISBN 978-7-5625-4306-0

Ⅰ.①内…
Ⅱ.①张…
Ⅲ.①铬铁矿床-资源潜力-资源评价-内蒙古
Ⅳ.①P618.300.622.6

中国版本图书馆 CIP 数据核字(2018)第 138674 号

| 内蒙古自治区铬铁矿资源潜力评价 | 张永清 闫洁 韩建刚 等著 |

| 责任编辑:胡珞兰 | 选题策划:毕克成 刘桂涛 | 责任校对:周旭 |

出版发行:中国地质大学出版社(武汉市洪山区鲁磨路388号)　　邮编:430074
电　　话:(027)67883511　　传　　真:(027)67883580　　E-mail:cbb@cug.edu.cn
经　　销:全国新华书店　　　　　　　　　　　　　　　　　　http://cugp.cug.edu.cn

开本:880毫米×1 230毫米　1/16	字数:333千字　印张:10.5
版次:2018年7月第1版	印次:2018年7月第1次印刷
印刷:武汉中远印务有限公司	印数:1—900册
ISBN 978-7-5625-4306-0	定价:198.00元

如有印装质量问题请与印刷厂联系调换

《内蒙古自治区矿产资源潜力评价成果》出版编撰委员会

主　　任：张利平

副 主 任：张　宏　赵保胜　高　华

委　　员：（按姓氏笔画排序）

于跃生　王文龙　王志刚　王博峰　乌　恩　田　力

刘建勋　刘海明　杨文海　杨永宽　李玉洁　李志青

辛　盛　宋　华　张　忠　陈志勇　邵和明　邵积东

武　文　武　健　赵士宝　赵文涛　莫若平　黄建勋

韩雪峰　褚立国　路宝玲

项目负责：许立权　张　彤　陈志勇

总　　编：宋　华　张　宏

副 总 编：许立权　张　彤　陈志勇　赵文涛　苏美霞　吴之理

方　曙　任亦萍　张　青　张　浩　贾金富　陈信民

孙月君　杨继贤　田　俊　杜　刚　孟令伟　张玉清

《内蒙古自治区铬铁矿资源潜力评价》

主　　编：张永清

编写人员：张永清　闫　洁　韩建刚　郭仁旺　韩宗庆　孙景浩　左玉山等

项目负责单位：中国地质调查局

　　　　　　　内蒙古自治区国土资源厅

编撰单位：内蒙古自治区国土资源厅

主编单位：内蒙古自治区地质调查院

序

2006年,国土资源部为贯彻落实《国务院关于加强地质工作决定》中提出的"积极开展矿产远景调查评价和综合研究,科学评估区域矿产资源潜力,为科学部署矿产资源勘查提供依据"的精神要求,在全国统一部署了"全国矿产资源潜力评价"项目,"内蒙古自治区矿产资源潜力评价"项目是其子项目之一。

"内蒙古自治区矿产资源潜力评价"项目2006年启动,2013年结束,历时8年,由中国地质调查局和内蒙古自治区人民政府共同出资完成。为此,内蒙古自治区国土资源厅专门成立了以厅长为组长的项目领导小组和技术委员会,指导监督内蒙古自治区地质调查院、内蒙古自治区地质矿产勘查开发局、内蒙古自治区煤田地质局以及中化地质矿山总局内蒙古自治区地质勘查院等7家地勘单位的各项工作。我作为自治区聘请的国土资源顾问,全程参与了该项目的实施,亲历了内蒙古自治区新老地质工作者对内蒙古自治区地质工作的认真与执着。他们对内蒙古自治区地质的那种探索和不懈追求精神,给我留下了深刻的印象。

为了完成"内蒙古自治区矿产资源潜力评价"项目,先后有270多名地质工作者参与了这项工作,这是继20世纪80年代完成的《内蒙古自治区地质志》《内蒙古自治区矿产总结》之后集区域地质背景、区域成矿规律研究,物探、化探、自然重砂、遥感综合信息研究以及全区矿产预测、数据库建设之大成的又一巨型重大成果。这是内蒙古自治区国土资源厅高度重视,完整的组织保障和坚实的资金支撑的结果,更是内蒙古自治区地质工作者8年辛勤汗水的结晶。

"内蒙古自治区矿产资源潜力评价"项目共完成各类图件万余幅,建立成果数据库数千个,提交结题报告百余份。以板块构造和大陆动力学理论为指导,建立了内蒙古自治区大地构造构架。研究和探讨了内蒙古自治区大地构造演化及其特征,为全区成矿规律的总结和矿产预测奠定了坚实的地质基础。其中提出了"阿拉善地块"归属华北陆块,乌拉山岩群、集宁岩群的时代以及对孔兹岩系归属的认识、索伦山-西拉木伦河断裂厘定为华北板块与西伯利亚板块的界线等,体现了内蒙古自治区地质工作者对内蒙古自治区大地构造演化和地质背景的新认识。项目对内蒙古自治区煤、铁、铝土矿、铜、铅锌、金、钨、锑、稀土、钼、银、锰、镍、磷、硫、萤石、重晶石、菱镁矿等矿种,划分了矿产预测类型;结合全区重力、磁测、化探、遥感、自然重砂资料的研究应用,分别对其资源潜力进行了科学的潜力评价,预测的资源潜力可信度高。这些数据有力地说明了内蒙古自治区地质找矿潜力巨大，寻找国家急需矿产资源，内蒙古自治区大有可为，成为国家矿产资源的后备基地已具备了坚实的地质基础。同时，也极大地增强了内蒙古自治区地质找矿的信心。

"内蒙古自治区矿产资源潜力评价"是内蒙古自治区第一次大规模对全区重要矿产资源现状及潜力进行摸底评价，不仅汇总整理了原1∶20万相关地质资料，还系统整理补充了近年来1∶5万区域地质调查资料和最新获得的矿产、物化探、遥感等资料。期待着"内蒙古自治区矿产资源潜力评价"项目形成的系统的成果资料在今后的基础地质研究、找矿预测研究、矿产勘查部署、农业土壤污染治理、地质环境治理等诸多方面得到广泛应用。

2017年3月

前　言

为了贯彻落实《国务院关于加强地质工作的决定》中提出的"积极开展矿产远景调查和综合研究,科学评估区域矿产资源潜力,为科学部署矿产资源勘查提供依据"的要求和精神,国土资源部部署了全国矿产资源潜力评价工作,并将该项工作纳入国土资源大调查项目。内蒙古自治区矿产资源潜力评价是该计划项目下的一个工作项目,工作起止年限为2007—2013年,项目由内蒙古自治区国土资源厅负责,承担单位为内蒙古自治区地质调查院,参加单位有内蒙古自治区地质矿产勘查开发局、内蒙古自治区地质矿产勘查院、内蒙古自治区第十地质矿产勘查开发院、内蒙古自治区煤田地质局、内蒙古自治区国土资源信息院、中化地质矿山总局内蒙古自治区地质勘查院6家单位。

项目的目标是全面开展内蒙古自治区重要矿产资源潜力预测评价,在现有地质工作程度的基础上,基本摸清本自治区重要矿产资源的"家底",为矿产资源保障能力和勘查部署决策提供依据。

项目的具体任务为:①在现有地质工作程度的基础上,全面总结内蒙古自治区基础地质调查和矿产勘查工作成果及资料,充分应用现代矿产资源预测评价的理论方法和GIS评价技术,开展本自治区非油气矿产:煤炭、铁、铜、铝、铅、锌、钨、锡、金、锑、稀土、磷等的资源潜力预测评价,估算本自治区有关矿产资源潜力及其空间分布,为研究制定内蒙古自治区矿产资源战略与国民经济中长期规划提供科学依据。②以成矿地质理论为指导,深入开展本自治区范围的区域成矿规律研究;充分利用地质、物探、化探、遥感和矿产勘查等综合成矿信息,圈定成矿远景区和找矿靶区,逐个评价成矿远景区资源潜力,并进行分类排序;编制本自治区成矿规律与预测图,为科学合理地规划和部署矿产勘查工作提供依据。③建立并不断完善本自治区重要矿产资源潜力预测相关数据库,特别是成矿远景区的地学空间数据库、典型矿床数据库,为今后开展矿产勘查的规划部署研究奠定扎实的信息基础。

项目共分为3个阶段实施:第一阶段为2007年至2011年3月,2008年完成了全区1:50万地质图数据库、工作程度数据库、矿产地数据库及重力、航磁、化探、遥感、自然重砂等基础数据库的更新与维护;2008—2009年开展典型示范区研究;2010年3月,提交了铁、铝两个单矿种资源潜力评价成果;2010年6月编制完成全区1:25万标准图幅建造构造图、实际材料图,全区1:50万和1:150万物探、化探、遥感及自然重砂基础图件;2010年至2011年3月完成了铜、铅、锌、金、钨、锑、稀土、磷及煤等矿种的资源潜力评价工作。经过修改、复核验收后,已将各类报告、图件及数据库向全国项目组及天津地质调查中心进行了汇交。第二阶段为2011—2012年,完成了银、铬、锰、镍、锡、钼、硫、萤石、菱镁矿、重晶石10个矿种的资源潜力评价工作及各专题成果报告。第三阶段为2012年6月—2013年10月,以Ⅲ级成矿区(带)为单元开展了各专题研究工作,并编写了地质背景、成矿规律、矿产预测、重力、磁法、遥感、自然重砂、综合信息专题报告,在各专题报告的基础上,编写了内蒙古自治区矿产资源潜力评价总体成果报告及工作报告。2013年6月,完成了各专题汇总报告及图件的编制工作,6月底,由内蒙古自治区国土资源厅组织对各专题综合研究及汇总报告进行了初审,7月全国项目办召开了各专题汇总报告验收会议,项目组提交了各专题综合研究成果,均获得优秀。

内蒙古自治区铬铁矿资源潜力评价工作为第二阶段工作。项目下设成矿地质背景,成矿规律,矿产预测,物探、化探、遥感、自然重砂应用,综合信息集成5个课题。

本书各章节执笔分工见表1。

表 1 本书前言及各章节执笔分工一览表

前言及章节	执笔人
前　言	张彤　张永清
第一章　内蒙古自治区铬铁矿资源概况	许立权　张永清
第二章　呼和哈达式侵入岩体型铬铁矿预测成果	张永清　闫洁
第三章　柯单山式侵入岩体型柯单山铬铁矿预测成果	郭仁旺　左玉山
第四章　赫格敖拉式侵入岩体型铬铁矿预测成果	张永清　闫洁　韩宗庆
第五章　索伦山式侵入岩体型铬铁矿预测成果	韩建刚　孙景浩
第六章　铬铁矿资源总量潜力分析	张永清
第七章　单矿种(组)成矿规律总结	张永清
第八章　勘查部署建议	张永清
第九章　未来勘查开发工作预测	张永清
第十章　结　论	张永清
主要参考文献	张永清

注:第四章中赫格敖拉式侵入岩体型铬铁矿预测成果包括内蒙古自治区二连浩特北部铬铁矿、浩雅尔洪格尔铬铁矿、哈登胡硕铬铁矿3个预测区。内蒙古自治区二连浩特北部铬铁矿、浩雅尔洪格尔铬铁矿2个预测工作区由张永清、闫洁编写,哈登胡硕铬铁矿预测区由韩宗庆编写。物探内容由阴曼宁、吴艳君、张永旺、张永财编写。化探内容由张青、赵丽娟、王沛东、谢燕、武慧珍、赵婧、张晓娜、张惠莲编写。

目　录

第一章　内蒙古自治区铬铁矿资源概况 (1)
第一节　铬铁矿时空分布规律 (1)
第二节　铬铁矿成矿地质背景 (5)
第三节　铬铁矿床类型 (8)

第二章　呼和哈达式侵入岩体型铬铁矿预测成果 (10)
第一节　典型矿床概述 (10)
第二节　预测工作区研究 (15)
第三节　矿产预测 (20)

第三章　柯单山式侵入岩体型柯单山铬铁矿预测成果 (31)
第一节　典型矿床特征概述 (31)
第二节　预测工作区研究 (37)
第三节　矿产预测 (40)

第四章　赫格敖拉式侵入岩体型铬铁矿预测成果 (47)
第一节　典型矿床概述 (47)
第二节　预测工作区研究 (52)
第三节　矿产预测 (66)

第五章　索伦山式侵入岩体型铬铁矿预测成果 (93)
第一节　典型矿床概述 (93)
第二节　预测工作区研究 (101)
第三节　矿产预测 (104)

第六章　铬铁矿资源总量潜力分析 (119)
第一节　铬铁矿资源现状 (119)
第二节　铬铁矿预测资源量潜力分析 (121)

第七章　单矿种(组)成矿规律总结 (131)
第一节　成矿区(带)划分 (131)
第二节　铬铁矿成矿规律 (137)
第三节　区域成矿规律图 (140)

第八章　勘查部署建议 …… (142)

　　第一节　已有勘查程度 …… (142)

　　第二节　矿权设置情况 …… (142)

　　第三节　勘查部署建议 …… (142)

　　第四节　勘查机制建议 …… (146)

第九章　未来勘查开发工作预测 …… (148)

第十章　结　论 …… (153)

主要参考文献 …… (155)

第一章　内蒙古自治区铬铁矿资源概况

至2010年底，内蒙古自治区铬铁矿床（点）数目为43个，全区累计查明铬铁矿金属资源储量为288.605×10^4 t。查明资源储量规模达到中型的有1处，矿石资源储量145.4×10^4 t；达到小型的有4处，矿石资源储量为116.892×10^4 t。

第一节　铬铁矿时空分布规律

内蒙古自治区铬铁矿主要分布在区内的几条蛇绿岩带上，形成阿尔卑斯型豆荚状铬铁矿床，发现了39处矿床及矿点。其中中型矿床1处，小型矿床4处，矿（化）点34处。至2010年铬铁矿床及伴生铬铁矿床已探明的储量为288.605×10^4 t，全区已上表的铬铁矿床有10处，独立铬铁矿床8处，共生矿床1处（克什克腾旗二道沟矿区铅锌矿150425026）及伴生矿床1处（额济纳旗百合山矿区铁矿152923009）。保有资源储量（矿石量）258.7×10^4 t，累计查明资源储量304.9×10^4 t，开采量1.6×10^4 t。索伦山和贺根山2个超铁镁质岩体是铬铁矿的主要矿产地。其中索伦山3个上表矿床的保有资源储量72.7×10^4 t，累计查明资源储量91.8×10^4 t；贺根山3个上表矿床的保有资源储量124.3×10^4 t，累计查明资源储量157.8×10^4 t。空间上，铬铁矿床主要分布于索伦山-西拉木伦结合带及二连-贺根山蛇绿岩带内（表1-1、表1-2、图1-1、图1-2）。

表1-1　全区铬铁矿床（点）已探明资源量一览表

矿产地编号	矿种	矿产地名	主矿产矿床规模	主矿产储量（$\times10^4$ t）
152502001	铬铁矿	赫格敖拉3756	中型矿床	145.400
150824016	铬铁矿	索伦山	小型矿床	10.770
150425026	铬铁矿	二道沟	小型矿床	25.600
150425071	铬铁矿	柯单山	小型矿床	25.622
150824015	铬铁矿	察汗胡勒	小型矿床	54.900
150223015	铬铁矿	乌珠尔	矿点	9.500

续表 1-1

矿产地编号	矿种	矿产地名	主矿产矿床规模	主矿产储量($\times 10^4$ t)
152923009	铬铁矿	百合山	矿点	8.600
152502002	铬铁矿	赫格敖拉620	矿点	6.600
152221015	铬铁矿	呼和哈达	矿点	1.261
152502003	铬铁矿	赫白区	矿点	0.300
152524502	铬铁矿	武艺台	矿点	0.053
全区铬铁矿已探明资源总量				**288.605**

资料来源：《截至2010年底内蒙古自治区矿产资源储量表》及矿产地数据库。

表 1-2　内蒙古自治区主要铬铁矿床分布一览表

一级	二级	三级	矿产地（个）	中型	小型	矿点
Ⅰ 天山-兴蒙造山系	Ⅰ-1 大兴安岭弧盆系（Pt₃—T₂）	Ⅰ-1-5 二连-贺根山蛇绿混杂岩带（Pz₂）	14	1	1	12
		Ⅰ-1-6 锡林浩特岩浆弧（Pz₂）	5			5
	Ⅰ-7 索伦山-西拉木伦结合带（P₁末—T₂）	Ⅰ-7-1 索伦山蛇绿混杂岩带（Pz₂）	12		3	9
		Ⅰ-7-3 西拉木伦俯冲增生杂岩带（P₁末期）	2			2
	Ⅰ-8 包尔汉图-温都尔庙弧盆系（Pz₂）	Ⅰ-8-2 温都尔庙俯冲增生杂岩带（Pt₂）	3			3
	Ⅰ-9 额济纳旗-北山弧盆系	Ⅰ-9-1 圆包山（中蒙边界）岩浆弧（O—D）	2		1	1
		Ⅰ-9-3 明水岩浆弧（C）	4			4
		Ⅰ-9-4 公婆泉岛弧（O—S）	1			1
		Ⅰ-9-7 巴音戈壁弧后盆地（C）	1			1
Ⅱ 华北陆块区	Ⅱ-4 狼山-阴山陆块	Ⅱ-4-3 狼山-白云鄂博裂谷（Pt₂）	1			1
	Ⅱ-5 鄂尔多斯陆块	Ⅱ-5-2 贺兰山夭折裂谷（Pz₁）	1			1

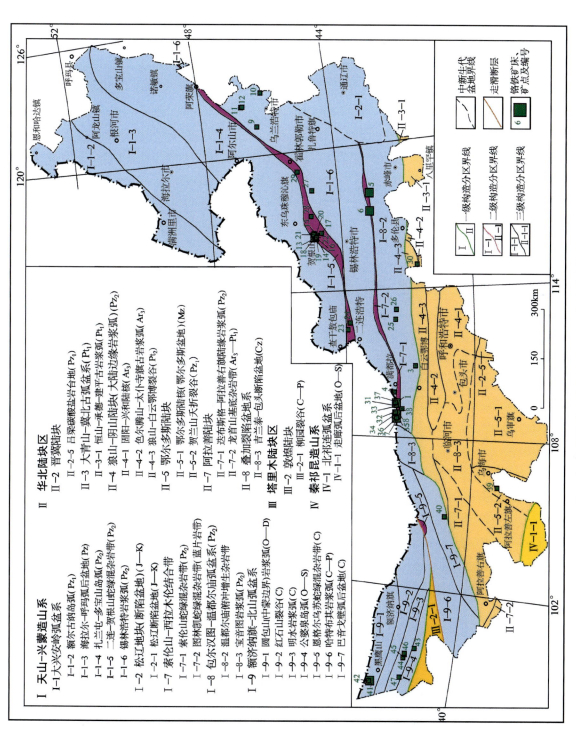

图 1-1 内蒙古自治区铬铁矿所在大地构造位置图

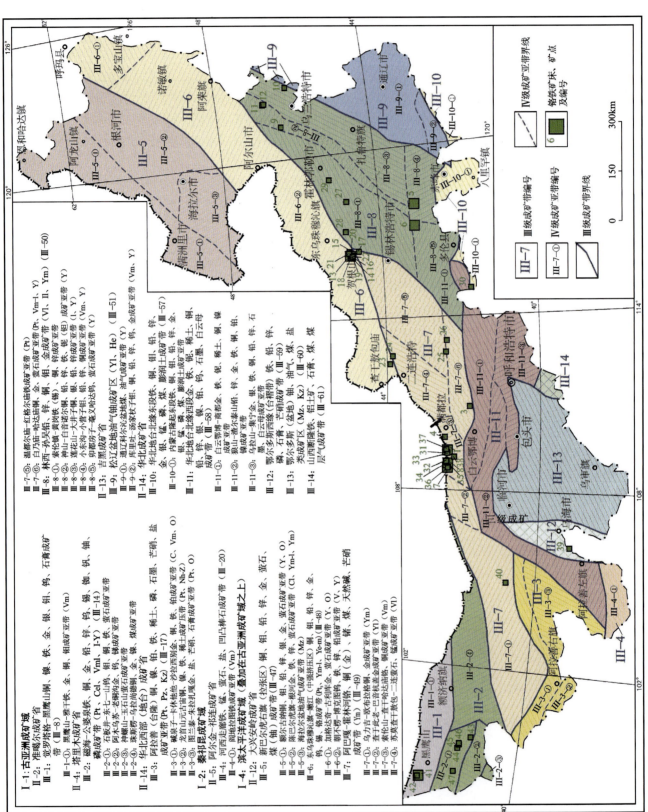

图 1-2 内蒙古自治区铬铁矿所在成矿区（带）位置示意图

铬铁矿主要形成时代:内蒙古自治区科右前旗呼和哈达铬铁矿床成矿时代为二叠纪,内蒙古自治区克什克腾旗柯单山铬铁矿床成矿时代为中奥陶世,内蒙古自治区锡林浩特市赫格敖拉铬铁矿床成矿时代为泥盆纪,内蒙古自治区乌拉特中旗索伦山铬铁矿床成矿时代为早二叠世。

第二节 铬铁矿成矿地质背景

内蒙古自治区铬铁矿地质成矿背景与下面几个构造带相关(图1-1,表1-2)。

一、Ⅰ 天山-兴蒙造山系

(一)Ⅰ-1 大兴安岭弧盆系

1. Ⅰ-1-5 二连-贺根山蛇绿混杂岩带

该带位于二连浩特、阿巴嘎旗、贺根山一带,具有代表性的蛇绿岩套剖面见于贺根山、朝根山一带,蛇绿岩组由下而上为变质橄榄岩、堆积杂岩、基性熔岩。带内尚见有高压变质矿物,在钠长角闪片岩中,含有大量的富钠角闪石,它属于钠铝闪石中的碱镁闪长岩,其形成温度和压力大约为400℃和6.28×10^5Pa。该带西部二连附近,一般以孤立的超基性岩、辉长岩、基性熔岩等岩块侵位于石炭系本巴图组中。

该蛇绿混杂岩带中分布有赫格敖拉区3756中型铬铁矿床,赫格敖拉620小型铬铁矿床,贺白区、贺根山西、赫白区733、贺根山、朝克乌拉、贺根山北、贺根山南、朝根山矿点及二连浩特一带的沙达嘎庙阿尔登格勒庙矿点。

2. Ⅰ-1-6 锡林浩特岩浆弧

锡林浩特岩浆弧是一个具有边缘弧性质的岩浆弧,其变质基底岩系是古元古界宝音图岩群,通常认为是从华北陆块上裂离出来的陆块。中新元古代,由于南部洋壳向北部陆缘的俯冲作用,形成苏尼特左旗一带的岛弧性质的温都尔庙群火山岩、火山碎屑岩和弧前盆地性质的浊积岩建造。

志留纪—泥盆纪为前陆盆地的碎屑岩沉积,并有少量俯冲型侵入岩浆活动。石炭纪为陆棚碎屑岩沉积建造。早、中二叠世,由于南部洋壳向北俯冲作用加强,从西部满都拉至东部乌兰浩特一带,发生分布十分广泛的大石寨组以安山岩为主的中酸性、中基性岛弧型火山喷发活动。晚侏罗世—早白垩世,陆缘弧之上叠加了陆相中酸性火山岩和火山碎屑岩。侵入活动为后造山型的花岗岩、二长花岗岩。新生代发生了陆内裂谷,产生碱性系列的玄武岩。

该区位于大兴安岭中南段,成矿条件优越。矿床从元古宙至中生代均有分布。主要有黄岗式矽卡岩型铁锡矿、毛登式热液型锡矿、拜仁达坝式热液型银铅锌多金属矿、花敖包式热液型银铅锌矿、扎木钦式火山热液型银铅锌矿、孟恩陶勒盖式热液型铅锌银矿、曹家屯式热液型钼矿、敖仑花式斑岩型钼矿、西里庙式热液型锰矿、苏莫查干敖包式热液型萤石矿、驼峰山式硫铁矿及梅劳特乌拉、呼和哈达、乌兰吐、沙日格台、东芒和屯铬铁矿点等。

(二)Ⅰ-7 索伦山-西拉木伦结合带

该带由索伦山蛇绿岩和西拉木伦蛇绿岩组成,中间被大面积的中、新生代盆地松散沉积物掩盖。索伦山蛇绿岩单元可分为地幔岩(变质橄榄岩)、堆晶杂岩、基性岩墙群、枕状熔岩和远洋沉积硅质岩、硅质泥岩、碧玉岩。前4个单元以包裹体的形式赋存在基质远洋沉积物中，时代为二叠纪。

在索伦山地区主要分布有察汗胡勒、索伦山、乌珠尔三号矿床小型铬铁矿床和巴音301、两棵树、巴润索伦、巴音104、巴音查、桑根达来209、桑根达来206、桑根达来、塔塔铬铁矿点及菱镁矿。

西拉木伦蛇绿岩单元为超基性岩、镁铁质堆积杂岩、辉绿岩席状岩墙、枕状玄武岩。蛇绿岩无连续的构造组合剖面，均以孤立的岩块侵于地层中，时代为二叠纪。该结合带主要分布有柯单山、二道沟小型铬铁矿。

(三) Ⅰ-8 包尔汉图-温都尔庙弧盆系

Ⅰ-8-2 温都尔庙俯冲增生杂岩带是指华北陆块北部洋盆经历了中新元古代、早古生代和晚古生代离散、汇聚、碰撞、造山等多个旋回后，拼贴于华北陆块北缘的陆壳增生带。中、新元古代离散拉张作用形成以温都尔庙群为代表的蛇绿岩套构造组合，蛇绿岩在温都尔庙、图林凯一带出露最全。早古生代的洋壳俯冲作用形成奥陶系包尔汉图群岛弧型火山岩建造和弧后盆地碎屑岩、碳酸盐岩建造。志留纪、泥盆纪、石炭纪为相对稳定的浅海陆棚相碎屑岩、碳酸盐岩建造。二叠纪洋壳再次向南的俯冲作用，导致下二叠统额里图组陆缘弧型火山岩喷发，并有三面井组弧间盆地的碎屑岩和碳酸盐岩沉积。侵入岩有俯冲型花岗岩、花岗闪长岩、石英闪长岩岩石构造组合。中生代有大面积的陆相中酸性火山岩喷发和后造山型花岗岩、二长花岗岩、花岗闪长岩、石英闪长岩侵入。

该杂岩带分布有官地式热液型银金矿、余家窝铺式接触交代型银铅锌矿、别鲁乌图式铜硫铁矿、小东沟式斑岩型钼矿、达布逊式侵入岩体型镍矿，以及哈拉哈达、武艺台、图林凯铬铁矿点等。

(四) Ⅰ-9 额济纳旗-北山弧盆系

该弧盆系包括圆包山岩浆弧、红石山裂谷、明水岩浆弧、公婆泉岛弧、恩格尔乌苏增生弧、哈特布其岩浆弧、巴音戈壁弧后盆地。

雅干式岩浆型铜镍矿、小狐狸山式斑岩型钼矿、东七一山式萤石矿、查干花式斑岩型钼矿等分布在额济纳旗-北山弧盆系之中。

1. Ⅰ-9-1 圆包山(中蒙边界)岩浆弧

圆包山岩浆弧是一个以陆壳为基底的火山弧。岩浆弧的东部出露有中新太古代片麻岩变质建造和古元古代北山岩群片岩、斜长角闪岩等变质建造。奥陶纪为以安山岩为主的安山岩-英安岩-流纹岩等钙碱性火山岩、火山碎屑岩火山活动。火山弧两侧则为浅-次深海相的陆缘斜坡性质的细砂岩-粉砂岩-硅质岩建造、笔石页岩建造。志留纪早期为滨-浅海相的陆棚相砂岩-粉砂岩-泥页岩建造，中晚期则为安山岩、英安岩、流纹岩等陆缘火山弧的喷溢活动，伴有弧后盆地粉砂岩-粉砂质泥岩-硅质岩建造。泥盆纪继承了志留纪的火山活动特点，但火山-沉积岩的范围较志留纪大为缩小。石炭纪，受南部红石山裂谷山影响，本区仍有石炭纪裂谷型中酸性的火山岩、火山碎屑岩沉积。在该构造带中产百合山伴生铬铁矿小型矿床和百合山北铬铁矿矿点。

2. Ⅰ-9-3 明水岩浆弧

明水岩浆弧是一个建立在古老变质基底岩系之上的岩浆弧。基底岩系由中新太古代黑云斜长变粒岩、石英岩、斜长角闪混合岩、黑云斜长片麻岩等变质建造以及古元古代北山岩群黑云石英片岩、绢云石英片岩、石英岩、大理岩等变质建造组成。其上沉积了石炭纪被动陆缘相的浅海陆棚相石英砂岩-长石石英砂岩-粉砂质泥岩建造，夹少量灰岩、砂砾岩和流纹岩。侵入岩主要为晚石炭世俯冲型花岗闪长岩、英云闪长岩、石英闪长岩、闪长岩、二长花岗岩等岩石构造组合。二叠纪发育俯冲型过铝质碱性系列花岗闪长岩、花岗岩岩石构造组合。

在该岩浆弧中产旱山南、小黄山东、小尘包南西和白云山西铬铁矿点。

3. Ⅰ-9-4 公婆泉岛弧

公婆泉岛弧是一个发育在中新元古代—早寒武世稳定大陆边缘之上的岛弧。中元古界长城系古硐井群为一套陆棚相浅海-半深海相砂岩-粉砂质泥岩-硅质泥岩建造，局部夹石英砂岩。中新元古界蓟县系—青白口系圆藻山群为陆棚浅海的碳酸盐岩台地相的碳酸盐岩建造。局部为碧玉岩和泥岩。

下寒武统双鹰山组为浅海碳酸盐岩台地相的砾屑灰岩建造、硅质泥岩建造、硅质灰岩建造、磷质岩建造。中晚奥陶世—志留纪，开始了本区的岛弧型火山喷发活动，形成以安山岩为主的安山岩-英安岩-流纹岩岩石构造组合的火山岩-火山碎屑岩。由于岛弧的进一步发展，形成深海相的SSZ型奥陶纪蛇绿岩套。石炭纪—二叠纪，本区发育俯冲型岩浆杂岩的岩石构造组合。产洗肠井铬铁矿点。

4. Ⅰ-9-7 巴音戈壁弧后盆地

该盆地是哈特布其火山弧之南的弧后盆地，出露有石炭纪中酸性火山碎屑岩和陆源碎屑浊积岩建造，局部有碳酸盐岩建造。由于盆地的持续拉张伸展，还形成了SSZ型蛇绿岩建造。主要有超基性岩、辉长岩、玄武岩、铁碧玉岩和硅质岩等。

弧后盆地之上叠加了中新生代断陷盆地，沉积了下白垩统巴音戈壁组和第四纪松散堆积物。产查干础鲁铬铁矿点。

二、Ⅱ华北陆块区

1. Ⅱ-4 狼山-阴山陆块

Ⅱ-4-3 狼山-白云鄂博裂谷西起阿贵庙、诺尔公地区，向东经炭窑口、东升庙、渣尔泰山、白云鄂博一直到化德一带，呈东西向裂谷。

带内沉积了中新元古界渣尔泰山群和白云鄂博群，它们曾被认为是华北陆块区的第一套相对稳定的盖层沉积。著名的白云鄂博铁、稀土矿床和铜、铅、锌多金属矿产即产在此带内。带内褶皱构造和断裂构造均较发育，褶皱为紧密线型或倒转褶皱，断裂构造主要为走向断裂，规模大，延伸长。

同期岩浆侵入活动主要发育双峰式低钾拉斑系列岩石构造组合（超基性岩、辉长岩、辉绿玢岩、白云岩、斜长角闪岩）和过铝质碱性系列岩石构造组合（花岗岩、黑云母花岗岩）。晚古生代发育俯冲型英云闪长岩、花岗闪长岩、闪长岩，三叠纪为后碰撞型岩石构造组合（花岗岩、二长花岗岩、花岗闪长岩等）。

该裂谷分布有小南山式岩浆型铜镍矿、乔二沟式沉积变质型锰矿、炭窑口式硫铁矿及东井子铬铁矿矿点等。

2. 鄂尔多斯陆块

Ⅱ-5-2 贺兰山夭折裂谷位于鄂尔多斯陆块最西部，传统构造地质学曾命名为鄂尔多斯西缘坳陷，是华北陆块内古生代明显大幅度沉降地带。

这是一个受北祁连弧盆系活动的影响，使本区产生了南北向坳拉谷性质的裂陷盆地的构造单元。盆地内沉积地层厚度南厚北薄，沉积物粒度南细北粗，反映出早古生代本区随着坳拉谷盆地的发生和发展，海水由南向北逐渐推进的特点。

本单元是在中太古代陆核基底和古中元古代裂谷的基础上发育而来。古太古代陆核由哈布其组、千里沟组、察干郭勒组孔兹岩系和混合花岗岩构成。古元古代为赵地沟群陆棚碎屑岩、海相石英砂岩、长石石英砂岩组合。中新元古代为西勒图组、王全口组陆棚碎屑岩盆地和碳酸盐岩台地砂页岩、白云质碳酸盐岩组合。同期有着双峰式侵入岩组合。其上不整合覆盖有震旦系正目观组冰碛砾岩、泥岩组合。

早古生代，本区南部出露的寒武系香山群，在内蒙古自治区范围内仅见有香山群三岩段、四岩段。三岩段为砾岩、变质长石石英砂岩、板岩、灰岩、白云质灰岩等岩石组合。四岩段为板岩、变质长石石英砂岩、硅质岩、灰岩等岩石组合。两段总厚度可达4 448余米，为夭折裂谷边缘碎屑岩、碳酸盐岩岩石组合。向北在贺兰山和桌子山一带，中下寒武统为馒头组，为裂谷边缘的浅海石英砂岩，海绿石石英砂岩，磷质、钙质石英砂岩等岩石组合。中寒武统张夏组为开阔台地碳酸盐岩、泥岩组合。上寒武统崮山组、长山组为开阔台地碳酸盐岩组合。上寒武统至下奥陶统为三山子组，系局限台地镁质碳酸盐岩、泥质条带碳酸盐岩组合。寒武系厚度2 761m。中、下奥陶统米钵山组为裂谷边缘浅海长石石英砂岩、粉砂岩、泥岩组合。同期异相的马家沟组为局限台地碳酸盐岩、白云质碳酸盐岩组合。中奥陶统克里摩里组、乌拉力克组、拉什伸组亦为裂谷边缘滨海砂岩、泥页岩、碳酸盐岩组合。奥陶系总厚度2 256～3 463m。

由上述可知，受夭折裂谷的影响，裂谷内的早古生代地层的沉积厚度为5 000余米，远远大于华北地台的同期沉积厚度。

上石炭统—下二叠统太原组为海陆交互相陆表海盆地的砂岩、粉砂岩、页岩、含煤碎屑岩组合。二叠系山西组、石盒子组、孙家沟组为海陆交互相陆表海盆地，岩性为石英砂岩、粉砂岩、泥岩组合。三叠纪—侏罗纪，受中国东部裂谷-造山作用的影响，三叠纪发育坳陷盆地河湖相碎屑岩组合。侏罗纪为河湖相砂岩含煤碎屑岩组合和裂谷性质过碱性花岗岩岩石构造组合。白垩纪为陆内断陷盆地砂砾岩、粉砂岩、泥岩组合。总之，晚古生代，本单元进入与华北陆块同步发展阶段，结束了夭折裂谷的地质历史。产巴音浩特东北铬铁矿矿点。

第三节 铬铁矿床类型

内蒙古自治区大地构造位置隶属天山-兴蒙造山系、华北陆块区、塔里木陆块区和秦祁昆造山系4个一级构造单元之中。由于多期次的构造变动和频繁的岩浆活动影响，致使本区形成极为复杂的构造格架。岩浆活动表现为多旋回、多期次的特点。内蒙古自治区铬铁矿床与板块缝合带中的蛇绿混杂岩带关系密切，形成蛇绿岩型（阿尔卑斯型）豆荚状铬铁矿床，主要产于蛇绿混杂岩内m/f＞8的纯橄榄岩中。根据内蒙古自治区铬铁矿床的实际情况，选择了6个预测区，均采用侵入岩浆构造图（图1-3，表1-3）。

表1-3　内蒙古自治区铬铁矿单矿种预测类型及预测方法类型划分一览表

方法类型	预测方法类型		矿产预测类型	预测工作区
侵入岩体型	蛇绿岩型	地幔岩局熔改造亚型	呼和哈达式	呼和哈达式侵入岩体铬铁矿型乌兰浩特预测工作区
			赫格敖拉式	赫格敖拉式侵入岩体型铬铁矿二连浩特北部预测工作区
			赫格敖拉式	赫格敖拉式侵入岩体型铬铁矿浩雅尔洪格尔预测工作区
			赫格敖拉式	赫格敖拉式侵入岩体型铬铁矿哈登胡硕预测工作区
			柯单山式	柯单山式侵入岩体型铬铁矿柯单山预测工作区
			索伦山式	索伦山式侵入岩体型铬铁矿索伦山预测工作区

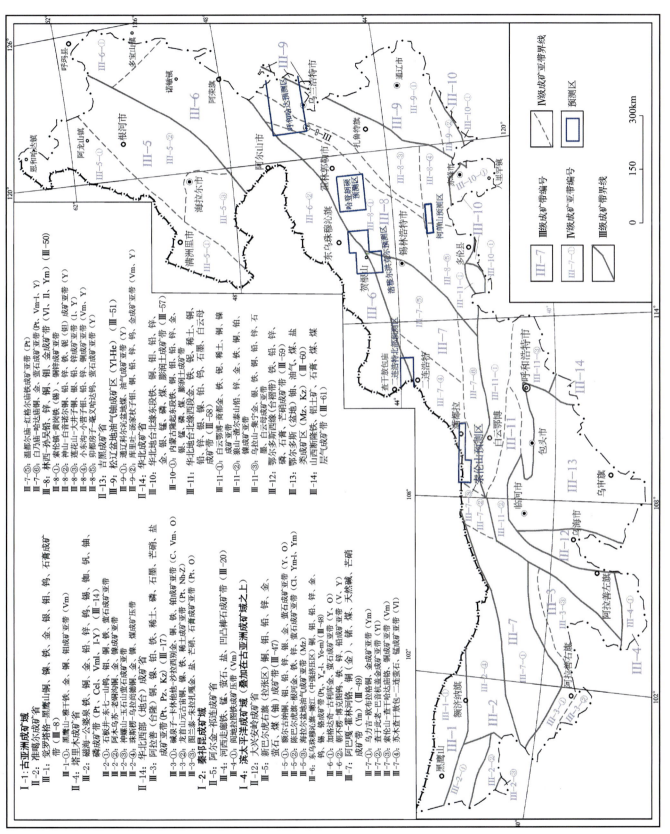

图 1-3 内蒙古自治区铬铁矿预测区分布图

第二章 呼和哈达式侵入岩体型铬铁矿预测成果

第一节 典型矿床概述

一、典型矿床及成矿模式

(一)典型矿床特征

1. 矿区地质

呼和哈达铬铁矿位于内蒙古自治区呼伦贝尔市科尔沁右翼前旗乌兰浩特市北面大石寨车站西呼和哈达村附近。

铬铁矿床大地构造属Ⅰ天山-兴蒙造山系、Ⅰ-1大兴安岭弧盆系、Ⅰ-1-7锡林浩特岩浆弧(Pz_2)。

1)地层

矿区内所见地层以二叠纪地层及中生代火山岩系出露为主。前者岩性较为简单、产状变化大;后者岩性复杂,产状单一。

中二叠统哲斯组:为本测区分布最广的地层,由泥质板岩、粉砂质板岩、砂砾岩互层夹板岩、灰岩透镜体组成。

上侏罗统满克头鄂博组:岩石组合为中性-酸性火山碎屑或晶屑凝灰岩、火山碎屑岩、火山角砾岩。岩石成分复杂。火山岩系多位于山顶,厚从十几米到百米,与下伏二叠系哲斯组呈不整合接触。

上侏罗统玛尼吐组:岩石组合为中性凝灰岩、晶屑熔岩、安山岩、凝灰质粗砂岩。

下白垩统白音高老组:岩石组合为中酸性熔岩、火山碎屑岩。

第四系全新统:遍布于河系、河谷及山麓地带,主要是以坡积、残积、冲积为主的松散堆积物。

2)侵入岩

矿区内侵入岩主要有辉长岩、超基性岩体及正长斑岩。

辉长岩:黑色至黑绿色,等粒状结构,块状构造,多蚀变。以两种形式产出:一为超基性岩浆之析离体,一般规模不大;另一为后期侵入体,规模较大,多呈脉状产出。

超基性岩体:本区所见岩体均属纯橄榄岩-斜方辉石橄榄岩杂岩体,即斜方辉石橄榄岩的数量在岩体中占绝对优势,在斜方辉石橄榄岩中夹有数量不大的纯橄榄岩较大透镜状和团块之异离体,在结晶末期由于遭受强烈的热水变质作用,使超基性岩蛇纹石化,原生矿物橄榄石均为蛇纹石代替,斜方辉石变为绢石或蛇纹石,蚀变为蛇纹岩及绢石蛇纹岩。岩体中含少量后期侵入的辉长岩脉、角闪辉长岩脉及钠黝帘石化辉长岩脉、次闪石化辉长岩脉。超基性岩体中的纯橄榄岩为铬铁矿矿体围岩。

正长斑岩:灰白色,斑状结构,块状构造,长石呈斑晶,偶含黑云母,并且有褐铁矿的晶孔。在本区第一超基性岩体的北部,呈岩脉状产出。

3）矿区构造

本矿区历经火成活动及造山运动表现在构造形态上较为复杂（表2-1）。

表 2-1　矿区构造一览表

编号	构造类型	产状	构造性质	幅度（落差）
$F_1—F_2$	断裂	NW210°∠51°	逆断层	总断距 30m
$F_2—F_2$	断裂	NW210°∠51°		
0—0	褶皱	轴向南北	对称向斜	宽度（幅度）350m

2. 矿区地质

1）矿体的分布规律

根据在第三岩体开采期间的观察，铬铁矿全部产在纯橄榄岩中，却有个别产在辉石橄榄岩中的扁豆状或疙瘩状的铬铁矿，其外表也包有一层几厘米厚的片状蛇纹岩外壳，铬铁矿从没有越出纯橄榄岩的范围穿到辉石橄榄岩中。这一现象说明铬铁矿的成因与纯橄榄岩有着密切的关系。厚大的纯橄榄岩异离体对成矿有利，随着纯橄榄岩增厚，铬铁矿体也随之增厚，如岩体中纯橄榄岩带的膨胀部分，铬铁矿则从十几厘米增厚至2m左右。一般来说，产在厚大的纯橄榄岩的异离体中的铬铁矿都是中等—稀疏浸染状矿石，产在窄小的纯橄榄岩中的铬铁体是致密块状和稠密浸染状矿石。

2）矿体形状和产状

矿体的形状有透镜状、扁豆状及脉状。

脉状矿体一般窄而长，厚度不大，由数厘米至1.5m左右，连续性较好，矿石多为中等浸染状到致密块状，品位高的铬尖晶石含量为70%～90%。

透镜状和扁豆状矿体产在第三岩体纯橄榄岩异离体的膨胀部分，由7个不连续的透镜体组成一个矿床，其厚度变化很大，矿石有稀疏至中等浸染状，矿体厚度从数厘米到20m，矿体形状复杂且断续出现，矿体和围岩的界线清晰。扁豆状矿体一般都产在窄小的纯橄榄岩中。

矿体的产状受其赋存的纯橄榄岩异离体的控制，矿体产状一般和围岩一致，倾角变化小，为35°～45°。

3. 矿石特征

1）矿石质量

本区呼和哈达铬铁矿以中粒浸染状为主要类型，铬尖晶石含量在50%左右。矿石质量沿矿体走向、倾向方向变化均大，一般的铬铁矿扁豆体质量较佳，铬尖晶石含量可达70%以上。反之，小的矿巢、矿囊及大矿体边缘部分质量较差，铬尖晶石含量仅为15%～30%。

根据对第三超基性岩体开采坑道的铬铁矿样品化学分析结果，Cr_2O_3的含量为14.32%～17.74%，个别的高达40%以上。

2）矿石的构造和结构

呼和哈达铬铁矿石构造类型有如下两种：①致密块状构造矿石，铬尖晶石含量在70%以上。②浸染状构造矿石，即稀疏浸染状构造矿石中铬尖晶石含量15%～30%；中等浸染状构造矿石中铬尖晶石含量30%～50%；稠密浸染状构造矿石中铬尖晶石含量50%～70%。

铬铁矿结构有3种：中粒块状集合体、中粒半自形浸染体和中粒自形浸染体。

矿石结构变化较大，主要以铬尖晶石含量为依据来区分。在矿体接近地表部分的矿石则为片状，其中铬尖晶石的晶粒也被压扁，可能是蛇纹石化的结果。

4. 成矿时代及成因类型

成矿时代为二叠纪,成矿类型属于侵入岩体型的蛇绿岩型(阿尔卑斯型)豆荚状铬铁矿。

(二)典型矿床成矿模式

呼和哈达及赫格敖拉铬铁矿产于二连-贺根山蛇绿混杂岩带中,而柯单山铬铁矿和索伦山铬铁矿产于索伦山蛇绿混杂岩带中,成矿均与蛇绿岩中的地幔超镁铁质岩相关,因此,4个典型矿床的成矿模式图采用《中国矿床模式》(裴荣富,1995)推荐的蛇绿岩(阿尔卑斯型)豆荚状铬铁矿床模式图(图2-1)。

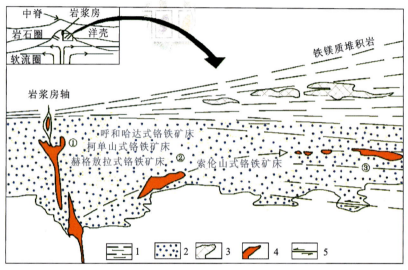

图2-1 蛇绿岩中(阿尔卑斯型)豆荚状铬铁矿床成矿模式图
1.镁铁质堆积岩;2.纯橄榄岩-斜辉橄榄岩杂岩带;3.堆积成因的铬铁矿体(浸染状);
4.豆荚状矿体(①不整合;②次整合;③整合);5.叶理及剪切方向

二、典型矿床地球物理特征

1∶25万剩余重力异常图显示,矿区处在相对重力低异常上。1∶25万航磁图显示,矿区处在低缓正磁异常上,场值20~80nT(图2-2)。

据重磁场特征推测矿区处在北东向断裂和北西向断裂的交会处。

据1∶5万航磁ΔT平面等值线图显示,在矿区东北部的椭圆形正磁异常边上,200nT以上圈闭异常,极值达400nT。

据1∶2 000地磁平面等值线图显示,矿区处在南北向排列的正磁异常带上,矿区处磁异常走向为东西向。南北向排列的正磁异常带即为超基性岩出露区。

呼和哈达式侵入岩体型铬铁矿在布格重力异常图上位于北东走向的巨型重力梯级带上,Δg为$(-63.61 \sim -48.08) \times 10^{-5} \mathrm{m/s^2}$。结合地质资料,该处是北东走向断裂的反映。矿区东北部的椭圆状剩余重力正异常与古生代地层有关,西南部剩余重力负异常是酸性岩体的反映。

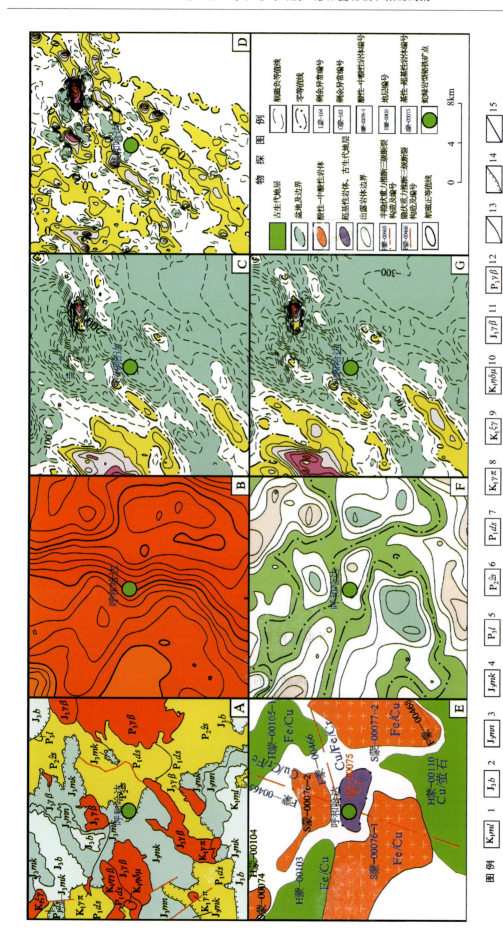

图 2-2 呼和哈达式岩浆型铬铁矿典型矿床所在区域地质矿产及物探剖析图

A. 地质矿产图；B. 布格重力异常图；C. 航磁ΔT等值线平面图；D. 航磁ΔT极值线平面图；E. 重力推断地质构造图；F. 剩余重力异常图；G. 航磁ΔT化极△T化极△T化极值线平面图。
1. 下白垩统梅勒图组；2. 上侏罗统白音高老组；3. 上侏罗统玛尼吐组；4. 上侏罗统满克头鄂博组；5. 上二叠统林西组；6. 中二叠统大石寨组；7. 下二叠统哲斯组；8. 早白垩世花岗斑岩；9. 早白垩世正长花岗岩；10. 早白垩世二长闪长玢岩；11. 晚侏罗世黑云母二长花岗岩；12. 晚二叠世黑云母正长花岗岩；13. 地质界线；14. 不整合地质界线；15. 性质不明断层

三、典型矿床地球化学特征

与预测区相比较,呼和哈达式侵入岩型铬铁矿区周围存在 Cr、Fe_2O_3、Co、Ni、Mn 等元素(或氧化物)组成的高背景区,Cr、Fe_2O_3 为主成矿元素(或氧化物),Ni、Co、Mn 异常强度较高,具有明显的浓度分带和浓集中心,与 Cr 异常套合较好,Cr 元素出现峰值为 $213×10^{-6}$,其中 Mn 的异常面积较大(图 2-3)。

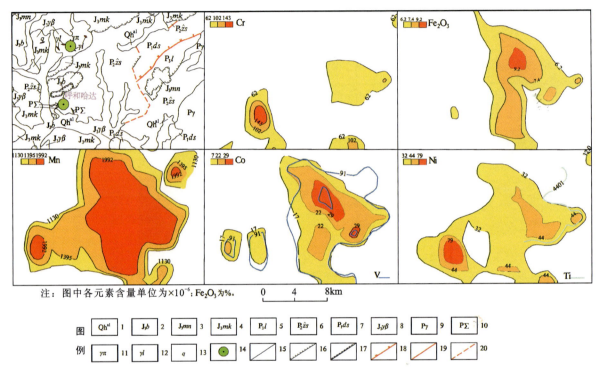

图 2-3 呼和哈达式铬铁矿综合化探异常剖析图

1.第四系全新统;2.上侏罗统白音高老组;3.上侏罗统玛尼吐组;4.上侏罗统满克头鄂博组;5.上二叠统林西组;
6.中二叠统哲斯组;7.下二叠统大石寨组;8.晚侏罗世黑云母花岗岩;9.二叠纪花岗岩;10.二叠纪超基性岩;
11.花岗岩岩脉;12.花岗细晶岩脉;13.石英脉;14.铬矿点;15.实测地质界线;16.实测角度不整合地质界线;
17.实测平行不整合地质界线;18.实测正断层;19.实测性质不明断层;20.推测断层

四、典型矿床预测模型

根据典型矿床成矿要素和矿区地磁、重力和化探资料,确定典型矿床预测要素,编制典型矿床预测要素图。由于没有收集到矿区大比例尺地磁资料,只能以 1:20 万航磁资料代替;而重力及化探资料只有 1:20 万比例尺的。

总结典型矿床综合信息特征,编制典型矿床预测要素表(表 2-2)。

表 2-2 呼和哈达式铬铁矿典型矿床预测要素表

预测要素		描述内容		要素类别
储量		1.261	平均品位 Cr$_2$O$_3$ 13.97%	
特征描述		分异式的晚期岩浆矿床		
地质环境	成矿环境	成矿带：Ⅰ-4 滨太平洋成矿域（叠加在古亚洲成矿域之上），Ⅱ-13 大兴安岭成矿省，Ⅲ-8 林西-孙吴铅、锌、铜、钼、金成矿带（Ⅵ、Ⅱ、Ym），Ⅲ-8-② 神山-白音诺尔铬、铅、锌、铁、铌（钽）成矿亚带（Y）		必要
	成矿时代	二叠纪		必要
	构造背景	Ⅰ 天山-兴蒙造山系，Ⅰ-1 大兴安岭弧盆系，Ⅰ-1-5 二连-贺根山蛇绿混杂岩带（Pz$_2$），Ⅰ-1-6 锡林浩特岩浆弧（Pz$_2$）		必要
矿床特征	矿体形态	透镜状、扁豆状及脉状。矿体与围岩产状一致，倾角变化小，为 35°～45°		重要
	岩石类型	橄榄岩、斜辉橄榄岩		必要
	岩石结构	中粒块状集合体、中粒半自形浸染体、中粒自形浸染体		次要
	矿物组合	金属矿物以铬尖晶石为主，其次为磁铁矿，并含少量黄铁矿、黄钼铁矿和赤铁矿。非金属矿物以叶蛇纹石为主，绿泥石次之，方解石、橄榄石、高岭土含量极少		次要
	结构构造	结构：中粒块状集合体、中粒半自形浸染体、中粒自形浸染体 构造：致密块状构造矿石，铬尖晶石含量 70% 以上；浸染状构造矿石，①稀疏浸染状构造矿石中铬尖晶石含量 15%～30%；②中等浸染状构造矿石中铬尖晶石含量 30%～50%；③稠密浸染状构造矿石中铬尖晶石含量 50%～70%		次要
	蚀变特征	蛇纹石化、钠黝帘石化、次闪石化、绢石化、碳酸盐化		重要
	控矿条件	纯橄榄岩控矿		必要
地球物理特征	重力异常	呼和哈达式侵入岩体型铬铁矿在布格重力异常图上位于北东走向的巨型重力梯级带上，Δg 为 $(-63.61\sim-48.08)\times10^{-5}$ m/s^2。结合地质资料，该处是北东走向断裂的反映。矿区东北部的椭圆状剩余重力正异常与古生代地层有关，西南部剩余重力负异常是酸性岩体的反映		重要
	磁法异常	呼和哈达式侵入岩体型铬铁矿区域上磁场背景呈西高东低，大部分区域处于低缓负异常，其磁场分布与重力场相匹配		次要
地球化学特征		呼和哈达式侵入岩体型铬铁矿周围存在 Cr、Fe$_2$O$_3$、Co、Ni、Mn 等元素（或氧化物）组成的高背景区，Cr、Fe$_2$O$_3$ 为主成矿元素（或氧化物），Ni、Co、Mn 异常强度较高，具有明显的浓度分带和浓集中心，与 Cr 异常套合较好；Cr 元素出现峰值为 213×10^{-6}		重要

第二节　预测工作区研究

一、区域地质特征

1. 成矿地质背景

呼和哈达式蛇绿岩型铬铁矿乌兰浩特预测区大地构造位置为Ⅰ天山-兴蒙造山系，Ⅰ-1 大兴安岭弧盆系（Pt$_3$—T$_2$），Ⅰ-1-5 二连-贺根山蛇绿混杂岩带（Pz$_2$）、Ⅰ-1-6 锡林浩特岩浆弧（Pz$_2$）；成矿区（带）属于Ⅰ-4滨太平洋成矿域（叠加在古亚洲成矿域之上），Ⅱ-13大兴安岭成矿省，Ⅲ-8林西-孙吴铅、锌、铜、钼、金成矿带（Ⅵ、Ⅱ、Ym），Ⅲ-8-②神山-白音诺尔铜、铅、锌、铁、铌（钽）成矿亚带（Y）。

呼和哈达式铬铁矿成矿类型为侵入岩体型的蛇绿岩型，赋矿岩体为超基性岩，区内超基性岩零散出露，多被第四系覆盖。该区超基性岩大部分已蛇纹石化，原生矿物橄榄石均为蛇纹石代替，主要有中二叠世的蛇纹岩、蛇纹石化纯橄榄岩、透闪石化纯橄榄岩、透闪片岩、斜长角闪岩，晚二叠世的蛇纹石化纯橄榄岩和蛇纹石化斜方辉橄岩以及侏罗纪的暗绿色辉石橄榄岩。

区内断层、褶皱对成矿影响不大。

矿体围岩蚀变有蛇纹石化、钠黝帘石化、次闪石化、绢石化、碳酸盐化。

2. 预测工作区成矿模式图

该区铬铁矿成因类型为与板块活动有关的侵入岩体型（蛇绿岩型）铬铁矿，与二叠纪超镁铁质岩有成因联系，严格受其控制（图2-4）。

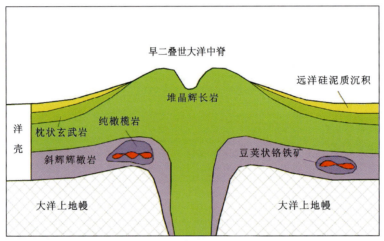

图2-4 乌兰浩特工作区区域成矿模式图

上述超镁铁质岩是在扩张脊环境下，地幔上涌，而比较重的矿浆则沉淀于上地幔中岩浆房底部。当扩张脊温度和压力下降时，铬铁矿结晶并聚集形成矿体。随着板块在扩张脊两侧的相向运动，矿体也随板块向大陆边缘运移，并受到地幔运移中的塑性剪切作用，而在地幔橄榄岩中发育叶理，使与叶理不整合的矿体逐渐转为整合。板块运移离扩张脊越远，水平拉伸持续的时间越长，剪切作用也越强，从而使原矿体支离破碎，形成串珠状小豆荚体。矿床的时空演化是一个连续的、持续很长的过程。在空间上，矿体要经历从上地幔、扩张脊、大陆边缘仰冲带这样宽广的区域；时间上要经历板块从扩张脊至大陆边缘所需的时间，最终定位形成呼和哈达、沙日格台、东芒和屯及乌兰吐铬铁矿床。

二、区域地球物理特征

1. 磁法

数据是由中国国土资源航空物探遥感中心提供的7077d（1∶10万）、7205-2（1∶5万）、9811（1∶5万）航磁数据。采用的分别是1963年由航空物探队903队飞行的大兴安岭南部1∶10万航磁测量成果，1975年由航空物探队905队飞行的白城西部1∶5万航磁测量成果，1974年由黑龙江物探队航测队飞行的神山1∶5万航磁测量成果。其中大兴安岭南部航磁测量精度均方根误差为±19～±57nT，飞行高度山区为100～150m，一般地区为90～100m；白城西部航磁测量精度均方根误差为±15～±21nT，飞行高度一般地区为70～120m；神山航磁测区飞行高度山区为200m，一般地区为100m。

乌兰浩特市地区呼和哈达热液型铬铁矿预测工作区范围为东经121°30′—123°25′，北纬46°30′—46°50′。在1:10万航磁ΔT等值线平面图上，预测工作区磁异常幅值范围为$-500\sim625\mathrm{nT}$，背景值为$-100\sim100\mathrm{nT}$，预测工作区大部分磁异常形态杂乱，正负相间，变化梯度大，多为不规则带状或椭圆状。预测工作区东部以正磁异常为主，预测工作区西南部磁异常较平缓，以负磁场为主。纵观预测工作区磁异常轴向及ΔT等值线延伸方向，以北东向为主。在预测工作区西南部，呼和哈达式热液型铬铁矿磁场背景为平缓负异常区，$-100\mathrm{nT}$等值线附近。

呼和哈达式热液型铬铁矿预测工作区磁法推断断裂主要为北东向，在磁场上主要表现为不同磁场区分界线和磁异常梯度带。预测工作区磁异常推断主要由火山岩地层和侵入岩体引起，西部杂乱磁异常推断主要由火山岩地层引起。

乌兰浩特市地区呼和哈达式热液型铬铁矿预测工作区磁法共推断断裂构造18条，中酸性岩体33个，火山岩地层23个，基性岩体3个，超基性岩体1个，火山构造1个。与成矿有关的火山岩地层1个。

2. 重力

乌兰浩特预测工作区位于纵贯全国东部地区的大兴安岭-太行山-武陵山北北东向巨型布格重力梯度带东侧，预测工作区西部处于巨型重力梯度带上，东部处于嫩江-龙江-白城-开鲁重力高值带的中段。异常带走向北北东，呈宽条带状。区内布格重力场值由东到西逐渐减小。区域重力场最低值$\Delta g_{\min}=-72.13\times10^{-5}\mathrm{m/s^2}$，最高值$\Delta g_{\max}=-3.36\times10^{-5}\mathrm{m/s^2}$。

预测工作区内剩余重力异常走向以北北东向为主，形态大多呈条带状。区内剩余重力异常最高值为$7.67\times10^{-5}\mathrm{m/s^2}$。

预测工作区南部的剩余重力负异常编号为L蒙-186-2，这一带地表出露大量侏罗纪花岗岩，推断该负异常是由酸性岩侵入所致。其北侧是一条带状剩余重力正异常，走向为近东西向，编号为G蒙-165，异常地表区域局部出露二叠纪地层，推断该正异常是由古生代地层隆起所致。呼和哈达铬铁矿位于走向北西的剩余重力正异常上，地质资料显示该区有小规模超基性岩出露，推断该正异常由老地层与基性岩共同引起。与之类似的预测工作区东南部编号为G蒙-166的剩余重力正异常，推断由基性岩引起。在预测工作区内的布格重力异常图中低异常带，对应剩余重力负异常，推断由中性-酸性岩体、次火山岩和火山岩盆地、中新生代盆地所致。另外，预测工作区西北部，布格重力等值线密集，梯度变化较大且有同向扭曲，卫星影片解译图上，线性构造清晰明显，推断为二连-东乌珠穆沁旗断裂（F蒙-02006）、艾里格庙-锡林浩特断裂（F蒙-02007）。

呼和哈达式蛇绿岩型铬铁矿属岩浆晚期分异矿床，严格受超基性岩体控制，预测工作区稳伏或半稳伏的小规模超基性岩体是寻找铬铁矿的有利地区。

在该预测工作区推断解释断裂构造37条，中性-酸性岩体12个，基性-超基性岩体2个，地层单元13个，中—新生代盆地6个。

三、区域地球化学特征

区域上分布有Cr、Fe_2O_3、Co、Ni、Mn、V等元素（或氧化物）组成的高背景区（带），在高背景区（带）中有以Cr、Fe_2O_3、Co、Ni、Mn为主的多元素（或氧化物）局部异常。预测工作区内共有18处Cr异常，34处Co异常，27处Fe_2O_3异常，46处Mn异常，28处Ni异常，26处Ti异常，31处V异常。

在预测工作区北部呼和哈达-五道沟地区Cr多呈背景、高背景分布，其他地区均呈低背景分布；在呼和哈达和大石寨地区有2处异常区，异常强度较高，具有明显的浓度分带和浓集中心。在预测工作区上Co、Ni多呈背景和高背景分布，具有明显的浓度分带和浓集中心，浓集中心主要分布于预测工作区东北部和索伦镇-五道沟地区。在预测工作区中部 Fe_2O_3 和 V 多呈低背景分布,其余地区多呈背景和高背景分布,在索伦镇-五道沟地区存在规模较大的 Cr 局部异常,异常呈北西向分布。Mn 在预测工作区多呈高背景分布,具有明显的浓度分带和浓集中心,在索伦镇-五道沟地区浓集中心呈北西向分布,浓集中心范围较大,异常强度高;在归流河镇-巴达尔胡镇地区,浓集中心呈北东向串珠状分布,浓集中心明显,异常强度高,预测工作区上 Ti 多呈背景分布。

预测工作区上异常套合较好的组合异常编号为 Z-1 至 Z-4,异常元素(或氧化物)有 Cr、Fe_2O_3、Co、Ni、Mn、Ti、V,Z-1 和 Z-2 中 Cr 异常强度较高,有明显的浓集中心;Cr 呈局部异常,其余异常元素(或氧化物)呈同心环状分布。

四、预测工作区预测模型

根据预测工作区区域成矿要素和化探、航磁、重力、遥感等信息,建立了本预测工作区的区域预测要素,并编制预测模型图(表 2-3,图 2-5)。

表 2-3 呼和哈达式侵入岩体型铬铁矿预测工作区区域预测要素表

区域预测要素		描述内容	要素类别
地质环境	大地构造位置	Ⅰ天山-兴蒙造山系,Ⅰ-1 大兴安岭弧盆系,Ⅰ-1-5 二连-贺根山蛇绿混杂岩带(Pz_2)、Ⅰ-1-6 锡林浩特岩浆弧(Pz_2)	重要
	成矿区(带)	Ⅰ-4 滨太平洋成矿域(叠加在古亚洲成矿域之上),Ⅱ-13 大兴安岭成矿省,Ⅲ-8 林西-孙吴铅、锌、铜、钼、金成矿带(Ⅵ、Ⅱ、Ym),Ⅲ-8-② 神山-白音诺尔铜、铅、锌、铁、铌(钽)成矿亚带(Y)	重要
	区域成矿类型及成矿期	成矿类型为侵入岩体型;成矿期为海西期	必要
控矿地质条件	赋矿地质体	纯橄榄岩体	必要
	控矿侵入岩	超基性岩体	必要
	主要控矿构造	区内断层对成矿影响不大,主要为岩体控矿	次要
围岩蚀变特征		蛇纹石化、钠黝帘石化、次闪石化、绢石化、碳酸盐化	重要
区内相同类型矿产		区内 4 个铬铁矿点	必要
地球物理特征	剩余重力异常	预测工作区位于大兴安岭-太行山-武陵山北北东向巨型重力梯度带与嫩江-龙江-白城-开鲁重力高值带的交界部位。区内布格重力场值由东到西逐渐减小。区域重力场最低值 $\Delta g_{min}=63.61\times10^{-5}\,m/s^2$,最高值 $\Delta g_{max}=-3.15\times10^{-5}\,m/s^2$	重要
	航磁化极异常	航磁化极异常值取 $-350\sim450\,nT$	重要
地球化学特征		Cr 单元素异常分布与超基性岩及物探异常较为吻合,取其三级分布带	重要
遥感特征		遥感解译对该区成矿预测影响不大	次要

第二章 呼和哈达式侵入岩体型铬铁矿预测成果

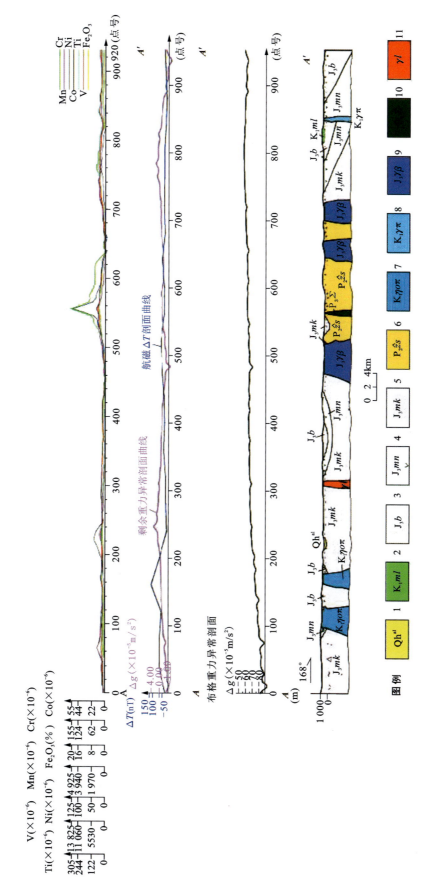

图 2-5 呼和哈达式侵入岩体型铬铁矿呼和哈达预测工作区预测模型

1.第四纪砾石、砂、砂土；2.下白垩统梅勒图组；3.上侏罗统白音高老组；4.上侏罗统玛尼吐组；5.上侏罗统满克头鄂博组；6.中三叠统哲斯组；7.早白垩世石英二长斑岩；8.早白垩世肉红色花岗斑岩；9.晚侏罗世肉红色黑云母花岗斑岩；10.晚二叠世未区分的超基性岩；11.花岗细晶岩脉

第三节 矿产预测

一、综合地质信息定位预测

1. 变量提取及优选

根据典型矿床成矿要素和预测要素研究及预测工作区提取的要素特征,由于区内只有 4 个铬铁矿点,因此本次选择无模型的网格单元法作为预测方法,根据预测底图比例尺确定网格间距为 1km×1km,图面为 10mm×10mm。

对揭盖后的地质体、矿点、矿化蚀变带及遥感异常等求区的存在标志,对航磁等值线、剩余重力及化探异常求起始值的加权平均值,在变量二值化时利用异常范围值人工输入变化区间。

2. 最小预测区圈定及优先

选择呼和哈达典型矿床所在的最小预测区为模型区,出露的地质体为二叠纪超基性侵入岩;预测工作区南北部剩余重力场存在明显差异,北部、西北部已知矿床或矿点处于剩余重力场零值区附近,异常在$(-1 \sim 2) \times 10^{-5} m/s^2$之间,南部已知乌兰吐侵入岩体型铬铁矿位于重力梯级带上剩余重力高背景区,异常值在$(6 \sim 7) \times 10^{-5} m/s^2$之间;航磁异常选择航磁化极异常作为本次预测资料,预测工作区东西部航磁化极存在明显差异,西部呼和哈达矿床处于低缓负磁异常区,异常值为$-350 \sim -300 nT$;东部矿点均处于航磁正异常区内,异常值为$0 \sim 400 nT$。航磁化极异常值取$-350 \sim 400 nT$,超基性岩体及推断隐伏超基性岩体,化探选用 Cr 单元素地球化学图作为本次预测资料,选择异常值范围为$(17 \sim 68) \times 10^{-6}$,已知 4 个同类型矿点,均对它们进行缓冲区处理,缓冲值为 1km。

由于预测工作区内只有 4 个同预测类型的矿床,故采用少模型预测工程进行预测,预测过程中先后采用了数量化理论Ⅲ、聚类分析、神经网络分析等方法进行空间评价,形成的色块图(图 2-6)叠加各预测要素,对色块图进行人工筛选,圈定最小预测区分布图(图 2-7)。

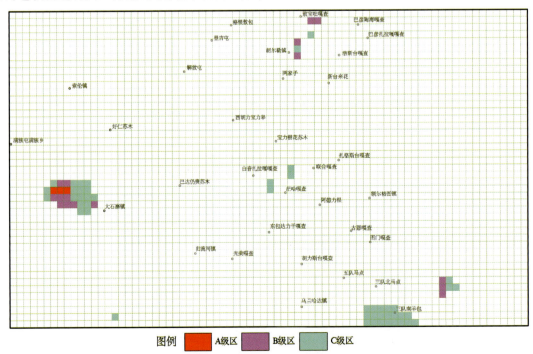

图 2-6 呼和哈达式侵入岩体型铬铁矿呼和哈达预测工作区预测单元图

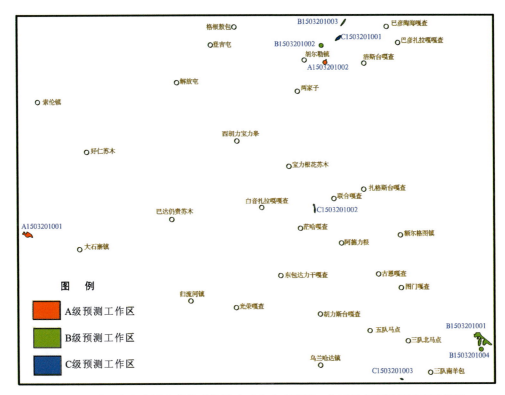

图 2-7　呼和哈达式侵入岩体型铬铁矿呼和哈达预测工作区最小预测区圈定结果图

3. 最小预测区圈定结果

本次工作共圈定各级异常区 9 个,其中 A 级 2 个(多数含已知矿体,个别与模型区特征接近程度高),总面积 $2.55km^2$;B 级 4 个,总面积 $6.45km^2$;C 级 3 个,总面积 $1.34km^2$(表 2-4)。

表 2-4　呼和哈达式侵入岩体型铬铁矿呼和哈达预测工作区预测成果表

序号	最小预测区编号	最小预测区名称
1	A1503201001	呼和哈达
2	A1503201002	东芒和屯
3	B1503201001	乌兰吐北
4	B1503201002	沙日格台
5	B1503201003	敖宝吐嘎查东
6	B1503201004	乌兰吐
7	C1503201001	敖宝吐嘎查东南
8	C1503201002	联合嘎查西南
9	C1503201003	白音乌苏嘎查西北

4. 最小预测区资源潜力评述

本次所圈定的 9 个最小预测区,在含矿建造的基础上,其面积均小于 50km²,A 级区绝大多数分布于已知矿床外围或化探 Cr、Pb、Zn 三级浓度分带区且有已知矿点,存在或可能发现铬铁矿产地的可能性高,具有一定的可信度。

内蒙古自治区呼和哈达式蛇绿岩型铬铁矿乌兰浩特预测工作区侵入岩浆构造图的编图范围隶属于内蒙古自治区锡林郭勒盟、兴安盟,黑龙江省齐齐哈尔市,吉林省白城市管辖。地形为中纬度低山丘陵区,区内沟谷较发育,地形较复杂,为构造剥蚀堆积与草原区。夏季炎热(最高温 38℃ 左右),冬季寒冷(−36℃),温差变化大,全年多风少雨。区内交通不便,劳动力缺乏,生产和生活用品均从外地调入。氧化矿适宜露天开采,原生矿也以大规模机械化露天开采为宜,有利于降低采矿成本。各最小预测区成矿条件及找矿潜力见表 2-5。

表 2-5 呼和哈达式侵入岩体型铬铁矿呼和哈达预测工作区最小预测区综合信息特征一览表

最小预测区编号	最小预测区名称	综合信息特征
A1503201001	呼和哈达	该最小预测区出露的地层为二叠系哲斯组,侵入岩为纯橄榄岩、辉石橄榄岩、蛇纹岩。呼和哈达铬铁矿位于该区。区内航磁化极负磁异常,异常值 −300~0nT,剩余重力异常为重力正异常,异常值 $(0\sim2)\times10^{-5}\mathrm{m/s^2}$;Cr 异常三级浓度分带明显,Cr 元素化探异常值 $(62\sim213)\times10^{-6}$
A1503201002	东芒和屯	该最小预测区出露的侵入岩为纯橄榄岩等超基性岩。东芒和屯铬铁矿位于该区。区内航磁化极高正磁异常,异常值 300~450nT,剩余重力异常为重力负异常,异常值 $(-1\sim0)\times10^{-5}\mathrm{m/s^2}$;Cr 元素化探异常值 $(17\sim36)\times10^{-6}$
B1503201001	乌兰吐北	该最小预测区出露的侵入岩为纯橄榄岩等超基性岩。区内无矿点。区内航磁化极正磁异常,异常值 0~200nT,剩余重力异常为重力正异常,异常值 $(2\sim8)\times10^{-5}\mathrm{m/s^2}$;Cr 异常三级浓度分带明显,Cr 元素化探异常值 $(62\sim13\ 911)\times10^{-6}$
B1503201002	沙日格台	该最小预测区出露的地层为第四纪堆积物。沙日格台铬铁矿位于该区。区内航磁化极正磁异常,异常值 100~300nT,剩余重力异常为重力正异常,异常值 $(0\sim2)\times10^{-5}\mathrm{m/s^2}$;Cr 元素化探异常值 $(24\sim36)\times10^{-6}$
B1503201003	敖宝吐嘎查东	该最小预测区出露的侵入岩为纯橄榄岩等超基性岩。区内无矿点。区内航磁化极正磁异常,异常值 100~350nT,剩余重力异常为重力正异常,异常值 $(2\sim4)\times10^{-5}\mathrm{m/s^2}$;Cr 元素化探异常值 $(36\sim62)\times10^{-6}$
B1503201004	乌兰吐	该最小预测区出露的侵入岩为花岗岩,地层为第四纪堆积物。乌兰吐铬铁矿位于该区。区内航磁化极正磁异常,异常值 0~50nT,剩余重力异常为重力正异常,异常值 $(6\sim8)\times10^{-5}\mathrm{m/s^2}$

续表 2-5

最小预测区编号	最小预测区名称	综合信息特征
C1503201001	敖宝吐嘎查东南	该最小预测区出露的侵入岩为纯橄榄岩等超基性岩。区内无矿点。区内航磁化极正磁异常,异常值 350~600nT,剩余重力异常为重力正异常,异常值$(1\sim2)\times10^{-5}\text{m/s}^2$;Cr异常三级浓度分带明显,Cr元素化探异常值$(49\sim62)\times10^{-6}$
C1503201002	联合嘎查西南	该最小预测区出露的地层为二叠系大石寨组,侵入岩为纯橄榄岩等超基性岩。区内无矿点。区内航磁化极负磁异常,异常值$-50\sim0$nT,剩余重力异常为重力负异常,异常值$(-3\sim-2)\times10^{-5}\text{m/s}^2$;Cr元素化探异常值$(10\sim36)\times10^{-6}$
C1503201003	白音乌苏嘎查西北	该最小预测区出露的侵入岩为纯橄榄岩等超基性岩。区内无矿点。区内航磁化极负磁异常,异常值$-50\sim0$nT,剩余重力异常为重力正异常,异常值$(0\sim1)\times10^{-5}\text{m/s}^2$;Cr异常三级浓度分带明显,Cr元素化探异常值$(10\sim17)\times10^{-6}$

二、综合信息地质体积法估算资源量

(一)典型矿床深部及外围资源量估算

查明矿床体重、铬品位、最大延深、已探明铬矿石量的依据来源于内蒙古自治区地质局 101 地质队一分队 1961 年 5 月编写的《内蒙古自治区呼伦贝尔盟科尔沁右翼前旗呼和哈达铬铁矿普查报告》。已探明铬矿石量在上述提到的报告中为 1.261×10^4t,在内蒙古自治区国土资源厅 2010 年 5 月编写的《截至 2009 年底内蒙古自治区矿产资源储量表第三册有色金属矿产》中为 9 000t,本次预测所用矿床查明资源矿石量为前者。矿床面积($S_\text{总}$)是根据 1:1 万矿区地形地质图圈定的各个矿体组成的包络面面积(图 2-8)。在 MapGIS 软件下读取数据。图 2-9 为呼和哈达铬铁矿第三超基性岩体Ⅲ-3 地质剖面图。可见矿体最大延伸为 80m,典型矿床深部及外围资源量估算结果见表 2-6。

表 2-6 呼和哈达式侵入岩体型铬铁矿预测工作区典型矿床深部和外围预测资源量表

典型矿床		深部及外围		
已查明资源储量($\times10^4$t)	1.261	深部	面积(m^2)	38 889
面积(m^2)	38 889		深度(m)	120
深度(m)	80	外围	面积(m^2)	2 975
品位(%)	13.97		深度(m)	200
体重(t/m^3)	3.04	预测资源量($\times10^4$t)		2.132
体积含矿率	0.004 052	典型矿床资源总量($\times10^4$t)		3.393

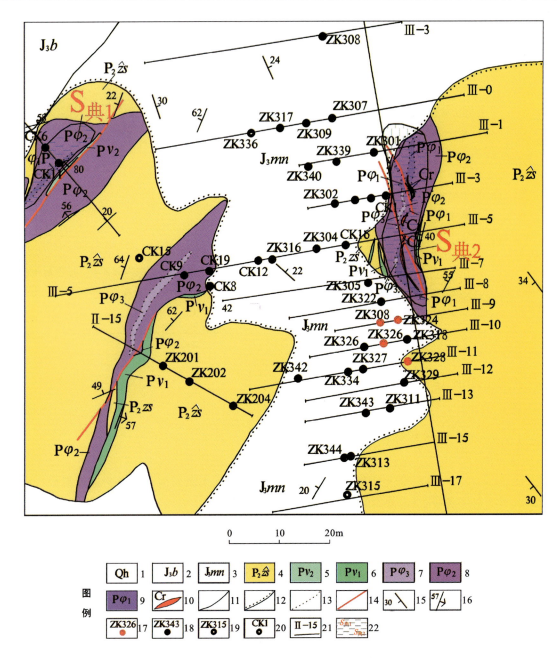

图 2-8　呼和哈达铬铁矿区图上矿体聚集区图

1.第四系全新统；2.上侏罗统白音高老组；3.上侏罗统玛尼吐组；
4.中二叠统哲斯组；5.二叠纪蛇纹石化辉长岩；6.二叠纪钠黝帘石化中粒辉长岩；
7.二叠纪蛇纹石化斜辉橄榄岩；8.二叠纪蛇纹石化斜辉辉橄岩；9.二叠纪蛇纹石化纯橄岩；
10.铬铁矿体；11.实测地质界线；12.实测角度不整合地质界线；
13.实测侵入岩相带界线；14.实测性质不明断层；15.地层产状；
16.岩(矿)体产状；17.见矿钻孔及编号；18.见超基性岩钻孔及编号；
19.未见超基性岩钻孔及编号；20.斜孔及编号；21.勘探线及编号；22.典型矿床预测范围

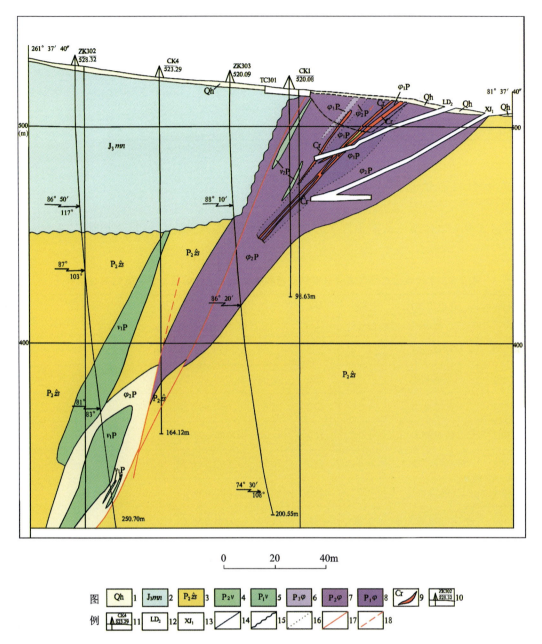

图 2-9 呼和哈达铬铁矿区第Ⅲ超基性岩体Ⅲ-3 地质剖面图

1.第四系全新统;2.上侏罗统玛尼吐组;3.中二叠统哲斯组;4.二叠纪蛇纹石化辉长岩;5.二叠纪钠黝帘石化中粒辉长岩;
6.二叠纪蛇纹石化斜辉橄榄岩;7.二叠纪蛇纹石化斜辉辉橄岩;8.二叠纪蛇纹石化纯橄榄岩;9.铬铁矿体;10.钻孔编号及标高;
11.斜钻孔编号及标高;12.老硐及编号;13.斜井及编号;14.实测地质界线;15.实测角度不整合地质界线;
16.实测侵入岩相带界线;17.实测性质不明断层;18.推测断层

(二)模型区的确定、资源量及估算参数

模型区为典型矿床所在的最小预测区。根据呼和哈达典型矿床查明资源量,按本次预测技术要求计算模型区资源总量为 3.393×10^4 t。模型区内无其他已知矿点存在,则模型区总资源量=典型矿床总资源量,模型区面积为依托 MRAS 软件采用少模型工程神经网络法优选后圈定,延深根据典型矿床最大预测深度确定。模型区内含矿地质体边界可以确切圈定,且其面积与模型区面积一致,因此含矿地质

体面积参数为1。由此计算含矿地质体含矿系数为0.000 097 26t/m³（表2-7）。

表2-7　呼和哈达式侵入岩体型铬铁矿呼和哈达预测工作区典型矿床总资源量表

编号	名称	模型区总资源量（×10⁴t）	模型区面积（m²）	延深（m）	含矿地质体面积（m³）	含矿地质体面积参数	含矿地质体含矿系数（t/m³）
A1503201001	呼和哈达	3.393	1 744 065.11	200	348 813 022	1	0.000 097 26

（三）最小预测区预测资源量及估算参数

呼和哈达式侵入岩体型铬铁矿预测工作区最小预测区资源量定量估算采用地质体积法进行估算（表2-8）。

表2-8　呼和哈达式侵入岩体型铬铁矿呼和哈达预测工作区最小预测区估算成果表

最小预测区编号	最小预测区名称	$S_{预}$（km²）	$H_{预}$（m）	Ks	K（t/m³）	$α$	预测资源量（×10⁴t）	资源量级别
A1503201001	呼和哈达	1.74	200	1.00	0.000 097 26	1.00	2.132	334-1
A1503201002	东芒和屯	0.81	120	0.80	0.000 097 26	0.60	0.455	334-2
B1503201001	乌兰吐北	4.50	180	0.60	0.000 097 26	0.30	1.417	334-3
B1503201002	沙日格台	0.77	100	0.70	0.000 097 26	0.40	0.210	334-2
B1503201003	敖宝吐嘎查东	0.41	160	0.70	0.000 097 26	0.30	0.133	334-3
B1503201004	乌兰吐	0.77	100	0.70	0.000 097 26	0.30	0.158	334-2
C1503201001	敖宝吐嘎查东南	0.70	80	0.50	0.000 097 26	0.20	0.055	334-3
C1503201002	联合嘎查西南	0.47	80	0.50	0.000 097 26	0.20	0.037	334-3
C1503201003	白音乌苏嘎查西北	0.17	100	0.50	0.000 097 26	0.20	0.016	334-3
合计（×10⁴t）							4.613	

本次利用MRAS软件中的建模功能，用特征分析法和证据权重法的结果并根据成矿有利度［含矿层位、矿（化）点、找矿线索及磁法异常］、地理交通及开发条件和其他相关条件，将工作区内最小预测区级别分为A、B、C三个等级，共9个最小预测区，其中A级区2个，B级区4个，C级区3个。最小预测区面积在0.17~4.5km²之间。圈定结果见表2-8。各级别面积分布合理，最小预测区圈定结果表明，预测工作区总体与区域成矿地质背景和航磁化极异常、剩余重力异常、化探异常吻合程度较好。

本次预测资源总量为4.613×10⁴t，其中不包括已查明资源量1.261×10⁴t。

（四）最小预测区资源量可信度估计

1. 最小预测区参数及预测资源量可信度分析

用地质体积法针对每个最小预测区评价其可信度，呼和哈达铬铁矿最小预测区可信度统计结果见表2-9。

表 2-9 呼和哈达式侵入岩体型铬铁矿预测工作区最小预测区预测资源量可信度统计表

最小预测区编号	最小预测区名称	经度	纬度	面积		延深		含矿系数		资源量综合	
				可信度	依据	可信度	依据	可信度	依据	可信度	依据
A1503201001	呼和哈达	121°12′40″	46°20′06″	0.90	含矿建造、物探	0.90	钻孔勘探	0.95	模型区	0.90	专家
A1503201002	东芒和屯	122°08′46″	46°42′44″	0.80		0.80		0.90		0.85	
B1503201001	乌兰吐北	122°39′28″	46°07′21″	0.70		0.75	磁法反演、预测区内含矿建造-构造的产状	0.80		0.75	
B1503201002	沙日格台	122°08′01″	46°44′50″	0.75		0.85		0.85		0.80	
B1503201003	敖宝吐嘎查东	122°12′14″	46°47′47″	0.70		0.65		0.80		0.75	
B1503201004	乌兰吐	122°38′48″	46°06′05″	0.75		0.70		0.85		0.80	
C1503201001	敖宝吐嘎查东南	122°11′16″	46°45′48″	0.65		0.80		0.75		0.60	
C1503201002	联合嘎查西南	122°06′57″	46°23′57″	0.65		0.80		0.75		0.60	
C1503201003	白音乌苏嘎查西北	122°23′35″	46°02′14″	0.65		0.75		0.75		0.60	

2. 评价结果综述

预测工作区大地构造位置属Ⅰ天山-兴蒙造山系，Ⅰ-1 大兴安岭弧盆系，Ⅰ-1-6 锡林浩特岩浆弧(Pz_2)，Ⅰ-4 滨太平洋成矿域（叠加在古亚洲成矿域之上），Ⅱ-13 大兴安岭成矿省，Ⅲ-8 林西-孙吴铅、锌、铜、钼、金成矿带（Ⅵ、Ⅱ、Ym），Ⅲ-8-② 神山-白音诺尔铬、铅、锌、铁、铌(钽)成矿亚带(Y)。

该区矿产分布只与二叠纪的超基性侵入岩有关，矿点与超基性岩分布一致，部分超基性岩可能为隐伏岩体。该区与矿产有关的重力异常为低缓正重力异常，与矿点套合情况较好；航磁化极异常表现并不十分明显，Cr元素化探异常区分布与矿产分布联系较为紧密，是成矿预测的重要考虑因素。

依据本区成矿地质背景并结合资源量估算和预测区优选结果，各级别面积分布合理，且已知矿床大多数均分布在A级预测区内，少部分由于地表没有超基性岩出露判为B级区，说明预测区优选分级原则较为合理；最小预测区圈定结果表明，预测区总体与区域成矿地质背景、化探异常、航磁异常、剩余重力异常吻合程度较好。

因此，所圈定的最小预测区，特别是A级最小预测区具有较好的找矿潜力。

三、预测区地质评价

(一)预测区级别划分

依据预测区内地质矿产、物探异常等综合信息对每个最小预测区进行综合地质评价，并结合资源量估算和预测区优选结果，按优劣分为A、B、C三级，其预测资源量分别为 $2.587×10^4$ t、$1.918×10^4$ t 和 $0.108×10^4$ t。详见表2-10。

表 2-10　呼和哈达式侵入岩体型铬铁矿呼和哈达预测工作区最小预测区预测级别分类统计表

最小预测区编号	最小预测区名称	级别	资源量($\times 10^4$t)
A1503201001	呼和哈达	A	2.132
A1503201002	东芒和屯	A	0.455
A 级区储量累计			**2.587**
B1503201001	乌兰吐北	B	1.417
B1503201002	沙日格台	B	0.210
B1503201003	敖宝吐嘎查东	B	0.133
B1503201004	乌兰吐	B	0.158
B 级区储量累计			**1.918**
C1503201001	敖宝吐嘎查东南	C	0.055
C1503201002	联合嘎查西南	C	0.037
C1503201003	白音乌苏嘎查西北	C	0.016
C 级区储量累计			**0.108**

(二)预测工作区资源总量成果汇总

1. 按方法

呼和哈达式侵入岩体型铬铁矿呼和哈达预测工作区地质体积法预测资源量见表 2-11。

表 2-11　呼和哈达式侵入岩体型铬铁矿呼和哈达预测工作区预测资源量方法统计表

预测工作区编号	预测工作区名称	地质体积法
1503201001	呼和哈达式侵入岩体型铬铁矿预测工作区	4.613×10^4t

2. 按精度

呼和哈达式海相火山岩型铬铁矿呼和哈达预测工作区采用地质体积法预测资源量,依据资源量级别划分标准,可划分为 334-1、334-2、334-3 三个资源量精度级别,各级别资源量见表 2-12。

表 2-12　呼和哈达式侵入岩体型铬铁矿呼和哈达预测工作区预测资源量精度统计表

预测工作区编号	预测工作区名称	精度($\times 10^4$t)		
		334-1	334-2	334-3
1503201001	呼和哈达式侵入岩体型铬铁矿预测工作区	2.132	0.823	1.658

3. 按延深

呼和哈达式海相侵入岩体型铬铁矿呼和哈达预测工作区中,根据各最小预测区内含矿地质体(地层、侵入岩及构造)特征,预测深度在 80～200m 之间,其资源量按预测深度统计结果见表 2-13。

表 2-13 呼和哈达式侵入岩体型铬铁矿呼和哈达预测工作区预测资源量深度统计表　　　　单位：$\times 10^4$ t

预测工作区编号	预测工作区名称	500m 以浅			1 000m 以浅			2 000m 以浅		
		334-1	334-2	334-3	334-1	334-2	334-3	334-1	334-2	334-3
1503201001	呼和哈达式侵入岩体型铬铁矿	2.132	0.823	1.658	2.132	0.823	1.658	2.132	0.823	1.658
		总计：4.613			总计：4.613			总计：4.613		

4. 按矿产预测类型

呼和哈达式侵入岩体型铬铁矿预测工作区中，其矿产预测方法类型为侵入岩体型，成因类型为岩浆晚期分异型，其资源量统计结果见表 2-14。

表 2-14 呼和哈达式侵入岩体型铬铁矿呼和哈达预测工作区预测资源量矿产类型精度统计表

预测工作区编号	预测工作区名称	侵入岩体型（$\times 10^4$ t）		
		334-1	334-2	334-3
1503201001	呼和哈达式侵入岩体型铬铁矿预测工作区	2.132	0.823	1.658

5. 按可利用性类别

最小预测区统计结果见表 2-15，预测工作区资源量可利用性统计结果见表 2-16。

表 2-15 呼和哈达式侵入岩体型铬铁矿呼和哈达预测工作区最小预测区预测资源量可利用性统计表

最小预测区编号	最小预测区名称	深度	开采经济条件	矿石可选性	自然地理交通	综合权重指数
A1503201001	呼和哈达	0.3	0.28	0.2	0.1	0.88
A1503201002	东芒和屯	0.3	0.28	0.2	0.1	0.88
B1503201001	乌兰吐北	0.3	0.12	0.2	0.1	0.72
B1503201002	沙日格台	0.3	0.28	0.2	0.1	0.88
B1503201003	敖宝吐嘎查东	0.3	0.12	0.2	0.1	0.72
B1503201004	乌兰吐	0.3	0.28	0.2	0.1	0.88
C1503201001	敖宝吐嘎查东南	0.3	0.12	0.2	0.1	0.72
C1503201002	联合嘎查西南	0.3	0.12	0.2	0.1	0.72
C1503201003	白音乌苏嘎查西北	0.3	0.12	0.2	0.1	0.72

表 2-16 呼和哈达式侵入岩体型铬铁矿呼和哈达预测工作区预测资源量可利用性统计表

预测工作区编号	预测工作区名称	可利用（$\times 10^4$ t）		
		334-1	334-2	334-3
1503201001	呼和哈达式侵入岩体型铬铁矿预测工作区	2.132	0.823	1.658
		总计：4.613		

6. 按可信度统计分析

预测资源量可信度估计概率≥0.75 的有 2.955×10^4 t,≥0.5 的有 4.613×10^4 t,≥0.25 的有 4.613×10^4 t(表 2-17)。

表 2-17 呼和哈达式侵入岩体型铬铁矿呼和哈达预测工作区预测资源量可信度统计表　　单位:$\times10^4$ t

预测工作区编号	预测工作区名称	≥0.75			≥0.5			≥0.25		
		334-1	334-2	334-3	334-1	334-2	334-3	334-1	334-2	334-3
1503201001	呼和哈达式侵入岩体型铬铁矿	2.132	0.823	0	2.132	0.823	1.658	2.132	0.823	1.658

第三章　柯单山式侵入岩体型柯单山铬铁矿预测成果

第一节　典型矿床特征概述

一、典型矿床及成矿模式

(一)典型矿床特征

柯单山式侵入岩体型柯单山铬铁矿位于内蒙古自治区赤峰市克什克腾旗境内,大地构造单元属于Ⅰ天山-兴蒙造山系,Ⅰ-1大兴安岭弧盆系,Ⅰ-7索伦山-西拉木伦结合带,Ⅰ-7-3西拉木伦俯冲增生杂岩带(P_1末期)。柯单山铬铁矿产于中奥陶世橄榄岩中,铬铁矿严格受橄榄岩控制,控矿构造主要为北东向断裂。

1. 矿区地质

1)地层

(1)二叠系三面井组($P_1 s$)。分布于矿区西北部,走向北东,倾向南西,倾角一般为30°~40°,主要由砂岩、砾岩、板岩、粉砂岩组成。侵入岩与地层接触带处多出现硅化、绿泥石化。

(2)侏罗系白音高老组($J_3 b$)。发育于矿区东南部,主要由紫褐色砂页岩及紫杂色砾岩组成。

(3)第四系。由风成砂、腐殖土、坡积物等组成,沿山谷、平缓地带大面积分布,约占全区面积的80%。

2)侵入岩

岩体沿北东-南西方向总长达10km,按不同岩性的分布规律,可以划分为3个岩相带:上部杂岩岩相带、中部纯橄榄岩岩相带、下部杂岩岩相带,3个岩相带大致互相平行,沿北东-南西向分布;在平面图上则表现为以纯橄榄岩相带为中心略具对称分异的特征;在剖面图上具有自上而下由酸性至基性的变化特征,有微小垂直重力分异的特征。现分述如下:

(1)下部杂岩岩相带。

该岩相带稳定地分布在靠近下部辉长岩体的上盘,厚度变化在30~90m之间,一般为40~50m,靠近地表处厚度较大,向深部则厚度变薄;在平面上中间段发育,向东、西两侧逐渐变薄而尖灭。

下部杂岩带为含有辉石岩、橄辉岩离异体的辉橄岩-橄榄岩岩相带。辉石岩、橄辉岩离异体数量较多,大小不等,相互交杂出现,其不同岩石类型之间的接触关系,由迅速过渡至突变不一,有时在1~2m的距离内辉石的含量由5%上升到70%。

另外,在本杂岩带的底部与下盘走向断层的接触处见有一较大的纯橄岩的离异体,在地形上形成一凸出的小丘陵,形状似一弓形,有较好的铬铁矿化现象。该纯橄岩离异体的顶部较厚,沿倾斜方向愈向深部愈薄,在 400～450m 处即尖灭。该离异体由于受下盘走向断层的影响,其附近的岩石发生强烈的矿化和白云石化,并形成风化壳,岩石变得坚硬。

(2) 中部纯橄榄岩岩相带。

该岩相带分布在岩体的中心部位,东起 2400 线,西至 0 线,向两端则与上、下部杂岩带相混杂,无法单独划分。该岩相带的厚度一般在 100～150m 之间,薄者仅 40～50m,最厚处在 1200 线,达 200～230m,向倾斜方向延深,超过 600m。其岩相带的特征为平面上中间膨大,向两端逐渐变薄而尖灭;断面上则在靠近地表处较薄,向深部逐渐变厚,再往深部则逐渐尖灭。

该岩相带主要由纯橄榄岩组成,但在其中心部位夹有少量偏酸性杂岩的离异体,离异体的岩性变化较大,厚度由数米到数十米,长度为数十米到数百米,但延深不大即自行尖灭。矿区内的铬铁矿床赋存于本岩相带内。

(3) 上部杂岩岩相带。

该岩相带主要为含有各种偏酸性析离体的橄榄岩岩相带,较之下部杂岩带其岩性更偏酸性。厚度在 200m 以上,在 1800 线向北东方向突然变薄,形成一瓶口状。

综上所述,该超基性岩体的分异特征如下:①岩体呈似岩床状,受重力分异作用的影响,自上而下基性程度逐渐增高;②纯橄榄岩可构成独立的岩相带,其 MgO/FeO 达 10.22,说明岩体分异以后所形成的纯橄榄岩基性程度较高;③矿体明显受纯橄榄岩岩相带的控制,其他杂岩带中未见矿化,说明整个岩体的分异程度较好。

3) 构造

矿区内构造主要表现为北东向、北西向和近南北向的断裂构造,主要发育于矿区北部和东南部,描述如下。

F_1 断裂分布于矿区北部,为北东走向、倾向南东的逆断层,倾角 37°左右,走向长 1.6km,横贯矿区,其上盘为超基性岩体,下盘为二叠系三面井组砂岩,构成了二者的接触带。F_1 断裂为后期的近南北向断裂 F_{18} 和北西向的断裂所切割。

F_2 发育于矿区东南部侏罗纪地层中,为北东走向、倾向北西的逆断层。

2. 矿床地质特征

1) 矿体产状

铬铁矿体严格受纯橄榄岩控制。

Ⅰ号矿体:为隐伏矿体,矿体总体走向北北东,倾向南东,倾角 20°～35°,南部倾角较缓,局部近水平,北部较陡,矿体产状变化较小。长约 200m,宽约 80m,矿体最大厚度 16.02m,最小厚度 0.55m,一般 1～5m,平均厚度 3.59m。

Ⅱ号矿体:为隐伏矿体,矿体形态简单,矿体总体走向近南北,倾向南东,倾角 20°～35°,南部倾角较缓,北部较陡,矿体产状变化较小。长约 250m,宽约 60m,矿体最大厚度 6.41m,最小厚度 0.50m,一般 1～2m,平均厚度 1.62m。

Ⅲ号矿体:为隐伏矿体,由 3 层透镜状矿体组成,矿体走向北东,倾向南东,倾角 25°左右。长约 25m,宽约 20m,矿体累计厚度 9.18m。

Ⅳ号矿体:为隐伏矿体,由 8 层透镜状矿体组成,矿体走向北东,倾向南东,倾角 25°左右。长约 25m,宽约 20m,矿体累计厚度 11.97m。

2) 矿体形态

Ⅰ号矿体:矿体形态,呈似脉状,具有分支、膨大、收缩现象。

Ⅱ号矿体:矿体形态较简单,呈似脉状,分支、膨大、收缩。

Ⅲ号矿体:由 3 层透镜状矿体组成。

Ⅳ号矿体:由 8 层透镜状矿体组成。

3）矿体埋深

Ⅰ号矿体：20～170m。

Ⅱ号矿体：61～85m。

Ⅲ号矿体：24～60m。

Ⅳ号矿体：145～190m。

3. 矿石特征

1）矿石类型

工业类型：冶金用贫铬铁矿石。

自然类型：星散—稀疏浸染状矿石及条带状矿石，稠密浸染—致密块状的细脉状矿石，但后者不发育。

2）矿物组合

原生矿物：主要为铬尖晶石、磁黄铁矿、镍黄铁矿等。

次生矿物：磁铁矿、赤铁矿。

3）矿石结构构造

结构：矿石具细粒自形—半自形结构、半自形细粒—中粒结构、链状网环结构，少量自形铬尖晶石围绕橄榄石颗粒呈环状结构、半自形—自形粗粒结构、交代结构和压碎结构。

构造：主要为浸染状、显微网环状、网状构造，其次为条带状和斑杂状构造。以星散—稀疏浸染状矿石为主，其次为中等—稠密浸染型矿石，致密块状者很少。

4. 矿床成因及成矿时代

柯单山铬铁矿床严格受纯橄榄岩控制，控矿构造主要为北东向断裂，成矿时代为中奥陶世。

（二）矿床成矿模式

柯单山铬铁矿产于索伦山-西拉木伦结合带中，成矿均与蛇绿岩中的地幔超镁铁质岩相关，因此，典型矿床的成矿模式图采用《中国矿床模式》（裴荣富，1995）推荐的蛇绿岩中（阿尔卑斯型）豆荚状铬铁矿床模式图（图3-1）。

二、典型矿床地球物理特征

1. 航磁特征

矿区处在600～800nT的磁异常中。

2. 重力场特征

柯单山铬铁矿位于布格高异常区，异常最大值为$-113.19\times10^{-5}m/s^2$，剩余重力正异常，异常编号为G蒙-433，地表出露橄榄岩，推断为超基性岩体（图3-1）。

图 3-1 柯单山式侵入岩体型铬铁矿柯单山典型矿床所在区域地质矿产及物探剖析图

A. 地质矿产图；B. 布格重力异常图；C. 航磁△T等值线平面图；D. 航磁△T化极平面图；E. 重力推断地质构造图；F. 剩余重力异常图；G. 航磁△T化极极值平面图。
1. 第四纪全新世风积砂；2. 第四纪上更新世黄土；3. 第四纪晚更新世冰水堆积砾；4. 白垩系上统梅勒图组；5. 上侏罗统白音高老组；6. 上侏罗统玛尼吐组；7. 上侏罗世二长花岗岩；8. 中二叠统额里图组；9. 中二叠统于北沟组；10. 中二叠统哲斯组；11. 奥陶系天青石寨组；12. 中奥陶世多宝山组；13. 晚侏罗世花岗斑岩；14. 晚侏罗世满克头鄂博组；15. 晚侏罗世花岗闪长岩；16. 中奥陶世超基性岩

三、典型矿床地球化学特征

与预测工作区相比较,柯单山铬铁矿区周围存在 Cr、Fe_2O_3、Co、Ni、Ti、V 等元素(或氧化物)组成的高背景区,Cr、Fe_2O_3 为主成矿元素(或氧化物),Co、Ni 为内带组合异常,具有明显的浓集中心,Ti、V 为外带组合异常,呈高背景分布,无明显的浓集中心;其中 Cr、Fe_2O_3、Co、Ni 异常套合较好(图 3-2)。

四、典型矿床预测模型

柯单山铬铁矿产于中奥陶世橄榄岩中,铬铁矿严格受橄榄岩控制,控矿构造主要为北东向断裂,其他成矿要素见表 3-1。

表 3-1 柯单山式侵入岩体型铬铁矿柯单山典型矿床预测要素表

成矿要素		描述内容			要素类别
储量		矿石量 25.6×10^4 t		平均品位 Cr_2O_3 8.58%	
特征描述		严格受纯橄榄岩相控制,分异式的晚期岩浆式矿床			
地质环境	构造背景	Ⅰ天山-兴蒙造山系,Ⅰ-7 索伦山-西拉木伦结合带,Ⅰ-7-3 西拉木伦俯冲增生杂岩带			必要
	成矿环境	Ⅰ-4 滨太平洋成矿域(叠加在古亚洲成矿域之上)、Ⅱ-3 大兴安岭成矿省、Ⅲ-8 林西-孙吴铅、锌、铜、钼、金成矿带,Ⅲ-8-④ 小东沟-小营子钼、铅、锌、铜成矿亚带,Ⅲ-8-⑤ 卯都房子-毫义哈达钨、萤石成矿亚带			必要
	成矿时代	中奥陶世			必要
矿床特征	矿体形态	似脉状,具有分支、膨大、收缩现象			重要
	岩石类型	中奥陶世超基性岩中的橄榄岩			重要
	岩石结构	细粒自形—半自形结构			次要
	矿物组合	铬尖晶石、磁黄铁矿、镍黄铁矿			主要
	结构构造	结构:细粒自形—半自形结构。 构造:浸染状构造、网状为主,其次为条带状和斑杂状			次要
	围岩蚀变	蛇纹石化、闪石化、绢石化、碳酸盐化、绿泥石化			必要
	控矿条件	严格受纯橄榄岩相控制			重要
地球物理特征	重力异常	柯单山铬铁矿位于布格高异常区,异常最大值为 -113.19×10^{-5} m/s^2,剩余重力正异常,异常编号为 G蒙-433,地表出露橄榄岩,推断为超基性岩体			重要
	磁法异常	矿区处在 600~800nT 的磁异常中			重要
地球化学特征		与预测工作区相比较,柯单山铬铁矿区周围存在 Cr、Fe_2O_3、Co、Ni、Ti、V 等元素(或氧化物)组成的高背景区,Cr、Fe_2O_3 为主成矿元素(或氧化物),Co、Ni 为内带组合异常,具有明显的浓集中心,Ti、V 为外带组合异常,呈高背景分布,无明显的浓集中心;其中 Cr、Fe_2O_3、Co、Ni 异常套合较好			重要

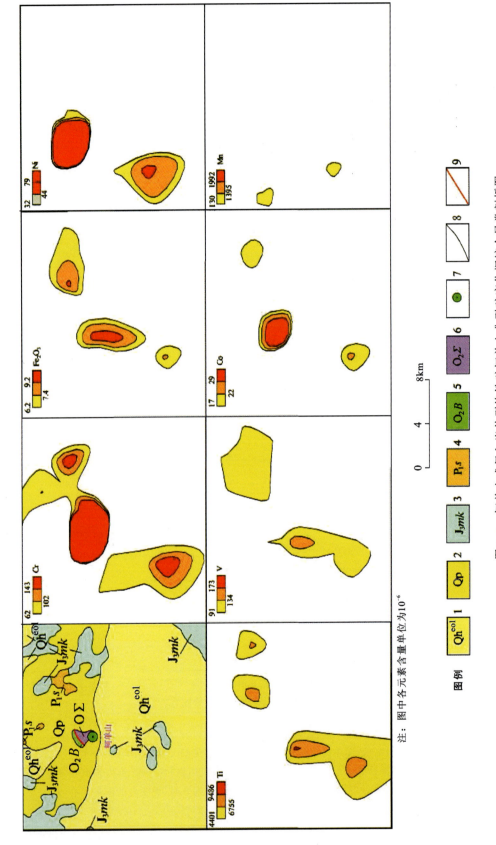

注：图中各元素含量单位为 10^{-6}

图 3-2 柯单山式侵入岩体型铬铁矿柯单山典型矿床化探综合异常剖析图

1.第四纪全新世风积砂；2.第四系上更新统；3.上侏罗统满克头鄂博组；4.下二叠统三面井组；5.中奥陶统包尔汉图群；6.中奥陶世超基性岩；7.铬矿点；8.实测地质界线；9.实测性质不明断层

第二节 预测工作区研究

一、区域地质特征

1. 成矿地质背景

柯单山式侵入岩体型铬铁矿柯单山预测工作区大地构造位置为Ⅰ天山-兴蒙造山系，Ⅰ-1 大兴安岭弧盆系，Ⅰ-7 索伦山-西拉木伦结合带，Ⅰ-7-3 西拉木伦俯冲增生杂岩带（P_1末期）。

柯单山地区铬铁矿严格受纯橄榄岩控制，成矿目的层为中奥陶世超基性岩。柯单山岩体沿北东-南西方向总长达 10km，按不同岩性的分布规律，可以划分为 3 个岩相带：上部杂岩岩相带、中部纯橄榄岩岩相带、下部杂岩岩相带，3 个岩相带大致互相平行，沿北东-南西向分布；在平面图上则表现为以纯橄榄岩相带为中心略具对称分异的特征；在剖面图上具有自上而下由酸性至基性的变化特征，微具垂直重力分异的特征。

2. 区域成矿模式

柯单山铬铁矿成因类型为与板块活动有关的侵入岩体型（蛇绿岩型）铬铁矿，与中奥陶世超镁铁质岩有成因联系，严格受其控制（图 3-3）。

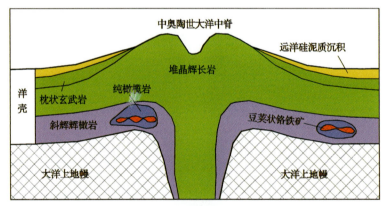

图 3-3　柯单山预测工作区铬铁矿区域成矿模式示意图

在扩张脊环境下，地幔铁镁质岩浆上涌，当扩张脊温度和压力下降时，而比较重的矿浆则沉淀于上地幔中岩浆房底部，铬铁矿结晶并聚集形成矿体。板块运移离扩张脊越远，水平拉伸持续的时间越长，剪切作用也越强，从而使原矿体支离破碎，形成串珠状小豆荚体，最终定位形成柯单山铬铁矿床。

二、区域地球物理特征

1. 磁法

克什克腾旗南柯单山式热液型铬铁矿预测工作区在 1∶5 万航磁 ΔT 等值线平面图上，磁异常幅值范围为 $-500 \sim 500$nT，整个预测工作区以 $-100 \sim 0$nT 负磁异常为背景，正磁异常主要分布在东南部、中部及西南部，多为不规则长条带状及串珠状分布。纵观预测工作区磁异常轴向及 ΔT 等值线延伸方向,以北东向为主。柯单山式热液型铬铁矿在预测工作区西北部,处在磁场背景为平缓负磁异常区的正磁异常边部,正磁异常在其南侧,异常走向为北东向,处在磁法推断北东向断裂上。

柯单山式侵入岩体型铬铁矿预测工作区磁法推断断裂构造主要为北东向,在磁场上主要表现为不同磁场区分界线、磁异常梯度带及串珠状异常。预测工作区东部磁异常推断主要由火山岩地层和侵入岩体引起;预测工作区中北部磁异常推断主要由侵入岩体引起;南部磁异常推断由火山岩地层引起;西部负异常推断由火山岩地层引起,串珠状正磁异常推断由超基性岩引起。

克什克腾旗南柯单山式侵入岩体型铬铁矿预测工作区磁法共推断断裂构造8条,中酸性岩体5个,火山岩地层3个,超基性岩体11个,与成矿有关的断裂构造1个,走向为北东向。

2. 重力

预测工作区位于大兴安岭主脊布格重力低值带南部,区域布格重力场值在$(-127.01\sim-111.68)\times10^{-5}\mathrm{m/s^2}$之间,大致呈现中间低、东、西两侧高的特点,且异常基本为面状分布。

与布格重力低异常相对应的剩余重力负异常,也位于预测工作区中部,东、西两侧则都分布有面积较大的正异常。区内剩余重力正异常最高值为$7.97\times10^{-5}\mathrm{m/s^2}$。

预测工作区分布范围较大的布格重力低值区,地表出露大面积酸性岩,与之相对应的分布有剩余重力负异常,推断异常由酸性岩的侵入所致。预测工作区西部的剩余重力正异常,走向为北东向,编号为G蒙-431,有2个高值中心。异常区地表为大面积第四系覆盖,局部出露有侏罗系、二叠系、奥陶系,零星出露中奥陶世蛇绿混杂岩,推断该正异常是由古生代地层及海西晚期超基性岩共同引起。预测工作区东部剩余重力正异常编号为G蒙-433,局部出露二叠纪地层,推测剩余重力正异常由下伏的古生代地层所致。预测工作区西北部、南部布格重力等值线密集,梯度变化较大且有同向扭曲的区段,推断由索伦山-巴林右旗断裂(F蒙-02016)、温都尔庙-西拉木伦河断裂(F蒙-02018)所致。

柯单山式侵入岩体型铬铁矿位于预测工作区西部奥陶纪蛇绿混杂岩带中,处于布格重力高值区,这是本预测工作区中寻找柯单山式侵入岩体型铬铁矿的重点地段。

在该预测工作区推断解释断裂构造10条,中性-酸性岩体2个,基性-超基性岩体1个,地层单元4个。

三、区域地球化学特征

区域上分布有由$Cr、Fe_2O_3、Co、Ni、Mn、V、Ti$等元素(或氧化物)组成的高背景区(带),在高背景区(带)中有以$Cr、Fe_2O_3、Co、Ni、V$为主的多元素(或氧化物)局部异常。预测工作区内共有10处Cr异常,13处Co异常,15处Fe_2O_3异常,5处Mn异常,13处Ni异常,9处Ti异常,10处V异常。

预测工作区内,在柯单山、马架子营子、柳林乡地区存在3处规模较大的$Cr、Co、Ni$局部异常,异常呈北北东向带状分布,具有明显的浓度分带和浓集中心,浓集中心范围较大,异常强度高,$Cr、Co、Ni$异常套合较好。$Fe_2O_3、Ti、V$多呈背景和高背景分布,有明显的浓度分带和浓集中心,异常多呈北北东向带状分布;Fe_2O_3在柯单山、步登山和永兴村存在多处浓集中心,浓集中心明显,异常强度高。Mn在预测工作区多呈背景分布,仅在东沟脑和步登山以北存在两处局部异常。

预测工作区异常套合较好的组合异常编号为Z-1至Z-8,Z-1中$Cr、Fe_2O_3、Co、Mn、V、Ti$套合较好,Cr呈背景分布,无明显的浓集中心;Z-2中$Cr、Fe_2O_3、Co、Ni$套合较好,Cr异常强度高,具有明显的浓集中心,异常位于柯单山地区;Z-3至Z-8中$Cr、Fe_2O_3、Co、Ni、Mn、V、Ti$套合较好,多呈同心环状分布,Cr具有明显的浓度分带和浓集中心。

四、区域预测模型

根据预测工作区区域成矿要素和化探、航磁、重力、遥感等信息,建立了柯单山铬铁矿预测工作区的区域预测要素,并编制预测模型图(图3-4)。

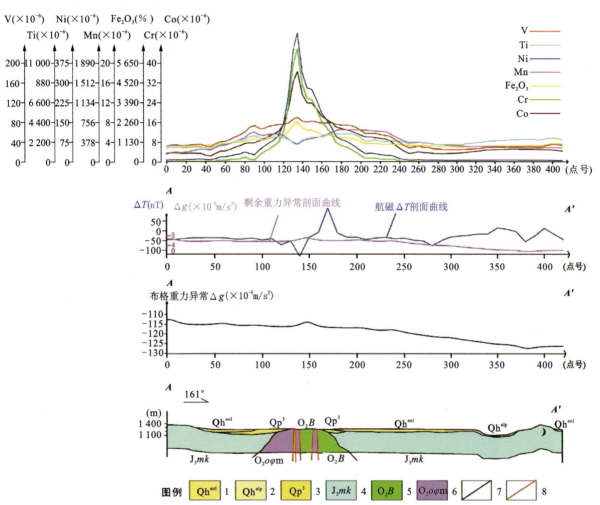

图 3-4 柯单山式侵入岩体型铬铁矿柯单山预测工作区预测模型图

1.第四纪风积砂;2.第四纪冲洪积砾石;3.第四系上更新统;4.上侏罗统满克头鄂博组;
5.中奥陶统包尔汉图群;6.蛇绿杂岩;7.实测地质界线;8.实测性质不明断层

预测要素图以综合信息预测要素为基础,即把物探、化探等值线的线(面)全部叠加在成矿要素图上。预测要素表见表3-2。

表 3-2 柯单山式侵入岩体型铬铁矿柯单山预测工作区预测要素表

区域成矿要素		描述内容	要素类别
地质环境	大地构造位置	Ⅰ天山-兴蒙造山系，Ⅰ-7索伦山-西拉木伦结合带，西拉木伦俯冲增生杂岩带	必要
	成矿区带	滨太平洋成矿域（叠加在古亚洲成矿域之上），大兴安岭成矿省林西-孙吴铅、锌、铜、钼、金成矿带，小东沟-小营子钼、铅、锌、铜成矿亚带，卯都房子-毫义哈达钨，萤石成矿亚带	必要
	区域成矿类型及成矿期	侵入岩体型铬铁矿床；成矿期为中奥陶世	必要
控矿地质条件	赋矿地质体	中奥陶世超基性岩中的橄榄岩	必要
	控矿侵入岩	中奥陶世超基性岩中的橄榄岩	重要
	主要控矿构造	北东向断裂	必要
区内相同类型矿产		已知有1个铬铁矿床	重要
地球物理特征	航磁特征	磁异常值较高	重要
	重力特征	布格重力异常在预测工作区内大致呈现中间低、两侧高的趋势，且异常杂乱，面状分布。区域重力场最高值 $\Delta g_{max}=-113.19\times10^{-5}\mathrm{m/s^2}$，最低值 $\Delta g_{min}=-136.40\times10^{-5}\mathrm{m/s^2}$。剩余重力异常图中剩余重力负异常与布格重力低异常位置一致，也位于预测工作区中部，两侧则都是正异常，正异常最高值为 $9.66\times10^{-5}\mathrm{m/s^2}$	重要
	地球化学特征	区域上分布有由 Cr、Fe_2O_3、Co、Ni、Mn、V、Ti 等元素（或氧化物）组成的高背景区（带），在高背景区（带）中有以 Cr、Fe_2O_3、Co、Ni、V 为主的多元素（或氧化物）局部异常。其中 Cr、Co、Ni 异常多呈北北东向带状分布，具有明显的浓度分带和浓集中心，浓集中心范围较大，异常强度高，Cr、Co、Ni 异常套合较好	重要
	遥感特征	遥感解译线性构造、环形构造发育	必要

第三节　矿产预测

一、综合地质信息定位预测

1. 变量提取及优选

根据典型矿床及预测工作区研究成果，进行综合信息预测要素提取，本次采用网格单元法选择预测单元，根据预测底图比例尺确定网格间距为1 000m×1 000m，图面为10mm×10mm。

对揭露后的地质体、矿点、矿化蚀变带及遥感异常等求区的存在标志，对航磁等值线、剩余重力及化探异常求起始值的加权平均值，在变量二值化时利用异常范围值人工输入变化区间。

2. 最小预测区圈定及优选

选择柯单山典型矿床所在的最小预测区为模型区，模型区内柯单山地区铬铁矿严格受纯橄榄岩控制,成矿目的层为中奥陶世超基性岩。

在 MRAS 软件中,对揭盖后的地质体、矿点、断层、重力资料推断隐伏基性岩体及 Cr 单元素异常区等求区的存在标志,对剩余重力求起始值的加权平均值,并进行以上原始变量的构置,对地质单元进行赋值,形成原始数据专题。

根据已知矿床(矿点)所在地区的剩余重力值对原始数据专题中的剩余重力起始值的加权平均值进行二值化处理,形成定位数据转换专题。进行定位预测变量选取,形成定位预测专题和预测单元图,由于预测工作区内仅有一个已知矿点,因此采用少预测模型工程进行定位预测及分级。在 MRAS 软件中采用神经网络之 Kohonen 网进行评价,叠加所有成矿要素及预测要素,根据各要素边界圈定最小预测区及色块图。

3. 最小预测区圈定结果

柯单山预测工作区预测底图精度为 1:10 万,并根据成矿有利度[含矿层位、矿点、找矿线索及物化探异常]、地理交通及开发条件和其他相关条件,将工作区内最小预测区级别分为 A、B、C 三个等级,其中 A 级预测区 1 个、B 级预测区 2 个、C 级预测区 1 个(表 3-3)。

表 3-3 柯单山式侵入岩体型铬铁矿最小预测区一览表

序号	最小预测区编号	最小预测区名称
1	A1503202001	柯单山
2	B1503202001	坤土沟东北
3	B1503202002	大石头西南
4	C1503202001	万合永乡西柳林乡东

4. 最小预测区地质评价

依据预测工作区内地质综合信息等对每个最小预测区进行综合评价,各最小预测区特征见表 3-4。

表 3-4 柯单山式侵入岩体型铬铁矿预测工作区最小预测区成矿条件及找矿潜力一览表

序号	最小预测区编号	最小预测区名称	综合信息
1	A1503202001	柯单山	该区出露地层为中奥陶统包尔汉图群变质砂岩、粉砂岩、玄武岩、安山岩夹大理岩,岩浆岩为二叠纪蛇绿杂岩,由橄榄岩、斜辉橄榄岩、硅质岩等组成。构造主要以北东向和近南北向断裂为主。区内有柯单山铬铁矿 1 处,形成于二叠纪橄榄岩中。该区内有明显的物化探异常及重力异常推断的隐伏基性岩体,在柯单山铬铁矿周围有 Cr 化探异常。该最小预测区为 A 级区。成矿条件有利,找矿潜力巨大
2	B1503202001	坤土沟东北	该区出露地层为中奥陶统包尔汉图群变质砂岩、粉砂岩、玄武岩、安山岩夹大理岩,另外上侏罗统满克头鄂博组由流纹岩、流纹质凝灰岩等组成。断裂主要以北东向和近北西向为主。该区内有明显的物化探异常及重力异常推断的隐伏基性岩体。该最小预测区为 B 级区。成矿条件有利,有较好的找矿潜力
3	B1503202002	大石头西南	该区出露地层为上侏罗统满克头鄂博组,由流纹岩、流纹质凝灰岩等组成。构造为隐伏断裂。该区内有明显的物化探异常及重力异常推断的隐伏基性岩体。该最小预测区为 B 级区。成矿条件有利,有较好的找矿潜力

续表 3-4

序号	最小预测区编号	最小预测区名称	综合信息
4	C1503202001	万合永乡西柳林乡东	该区出露地层为中二叠统于家北沟组，由凝灰质砂岩、变质杂砂岩、粉砂岩、粉砂质板岩组成，其他均为覆盖层。该区内有明显的物化探异常及重力异常推断的隐伏基性岩体。该最小预测区为C级区。成矿条件较有利，有一定的找矿潜力

二、综合信息地质体积法估算资源量

（一）典型矿床深部及外围资源量估算

内蒙古自治区国土资源厅 2011 年编写的《内蒙古自治区矿产资源储量表：黑色金属矿产分册》。典型矿床面积根据《内蒙古自治区克什克腾旗柯单山矿区铬铁矿详查报告》1∶10 万矿区地形地质图圈定（图 3-5）。典型矿床深度根据矿区勘探线剖面（图 3-6）确定，矿区钻孔最深见矿深度为 125m。查明矿床体重、最大延深、铬铁矿品位的依据见内蒙古自治区克什克腾旗易达矿业有限责任公司编写的《内蒙古自治区克什克腾旗柯单山矿区铬铁矿详查报告》。

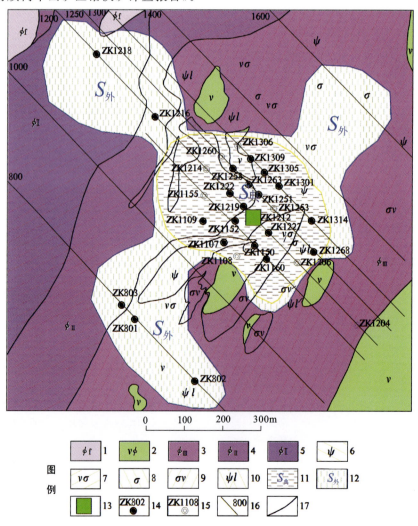

图 3-5 柯单山铬铁矿典型矿床面积圈定方法

1.超基性岩风化壳；2.辉长岩；3.上部杂岩岩相带；4.中部纯橄榄岩岩相带；5.下部杂岩岩相带；6.纯橄榄岩；7.辉橄岩；8.橄榄岩；9.橄辉岩；10.辉石岩；11.矿体聚集区段边界范围；12.典型矿床处预测范围；13.小型铬铁矿床；14.见矿钻孔位置及编号；15.未见矿钻孔位置及编号；16.勘探线位置及编号；17.实测地质界线

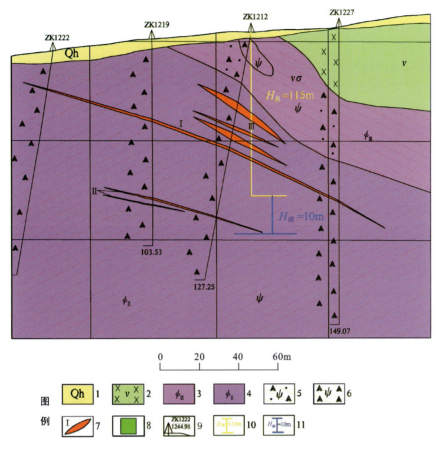

图 3-6 柯单山铬铁矿典型矿床深部资源量延深确定方法及依据

1.第四系全新统;2.辉长岩;3.上部杂岩岩相带;4.中部纯橄榄岩岩相带;5.矿化纯橄榄岩;
6.纯橄榄岩;7.矿体及编号;8.小型铬铁矿床;9.剖面钻孔及编号/开孔标高;
10.典型矿床探明深度;11.典型矿床预测深度

根据柯单山矿区勘探线剖面图已见矿钻孔资料及推测矿体的封闭情况,向深部推测10m,计算矿区深部预测资源量。

根据已知矿体走向、赋存层位、勘探线剖面图中矿体的封闭情况及矿区外围零星出露的矿体,圈定外围预测范围,预测深度根据钻孔中矿体产状,沿最大深度下推115m,即按125m计算。

柯单山铬铁矿典型矿床深部及外围资源量估算结果见表3-5。

表3-5 柯单山式侵入岩体型铬铁矿柯单山预测工作区典型矿床深部和外围预测资源量表

典型矿床		深部及外围		
已查明资源储量($\times 10^4$ t)	25.622	深部	面积(m^2)	132 113.99
面积(m^2)	132 113.99		深度(m)	10
深度(m)	115	外围	面积(m^2)	263 017.82
品位(%)	8.58		深度(m)	125
体重(t/m^3)	2.68	预测资源量($\times 10^4$ t)		57 658.448
体积含矿率(kg/m^3)	0.016 86	典型矿床资源总量($\times 10^4$ t)		83.280

(二)模型区的确定、资源量及估算参数

模型区为典型矿床所在的最小预测区。柯单山典型矿床查明资源量为 25.622×10^4 t,按本次预测技术要求计算模型区资源总量为 83.280×10^4 t。模型区内无其他已知矿点存在,则模型区总资源量=典型矿床总资源量,模型区面积为依托 MRAS 软件采用少模型工程神经网络法优选后圈定,延深根据典型矿床最大预测深度确定。模型区圈定时参照了含矿建造地质体,因此含矿地质体面积参数为 1。由此计算含矿地质体含矿系数(表 3-6)。

表 3-6 柯单山式侵入岩体型铬铁矿模型区预测资源量及其估算参数表

编号	名称	模型区总资源量 ($\times 10^4$ t)	模型区面积 (m²)	延深 (m)	含矿地质体面积 (m²)	含矿地质体面积参数	含矿地质体含矿系数 (t/m³)
A1503202001	柯单山	83.280	8 329 445.98	125	8 329 445.98	1	0.000 869

(三)最小预测区预测资源量

柯单山式侵入岩体型铬铁矿预测工作区最小预测区资源量定量估算采用地质体积法结果见表 3-7。

表 3-7 柯单山式侵入岩体型铬铁矿预测工作区最小预测区估算成果表

最小预测区编号	最小预测区名称	$S_{预}$ (km²)	$H_{预}$ (m)	Ks	K (t/m³)	α	$Z_{总}$ ($\times 10^4$ t)	$Z_{查}$ ($\times 10^4$ t)	$Z_{预}$ ($\times 10^4$ t)	资源量级别
A1503202001	柯单山	8.329	125	1	0.000 869	1.0	83.280	25.622	55.431	334-1
B1503202001	坤土沟东北	1.157	70	1	0.000 869	0.3	2.112		2.112	334-3
B1503202002	大石头西南	3.791	70	1	0.000 869	0.3	6.917		6.917	334-3
C1503202001	万合永乡西柳林乡东	10.570	40	1	0.000 869	0.1	3.673		3.673	334-3

(四)预测工作区资源总量成果汇总

1. 最小预测区参数及预测资源量可信度分析

用地质体积法针对每个最小预测区评价其可信度,柯单山铬铁矿最小预测区可信度统计结果见表 3-8。

表 3-8 柯单山式侵入岩体型铬铁矿预测工作区最小预测资源量可信度统计表

最小预测区编号	最小预测区名称	经度	纬度	面积 可信度	面积 依据	延深 可信度	延深 依据	含矿系数 可信度	含矿系数 依据	资源量综合 可信度	资源量综合 依据
A1503202001	柯单山	117°12′19″	43°06′19″	0.75	MRAS预测及人工圈定	0.90	钻孔	0.75	模型区	0.75	专家
B1503202001	坤土沟东北	117°16′41″	43°07′09″	0.25	MRAS预测及人工圈定	0.25	典型矿床	0.25	模型区	0.45	专家
B1503202002	大石头西南	117°10′29″	43°02′45″	0.25	MRAS预测及人工圈定	0.25	典型矿床	0.25	模型区	0.45	专家
C1503202001	万合永乡西柳林乡东	117°58′19″	43°08′20″	0.25	MRAS预测及人工圈定	0.25	典型矿床	0.25	模型区	0.45	专家

2. 预测区级别划分

依据预测区内地质矿产、物探异常等综合特征对每个最小预测区进行综合地质评价,并结合资源量估算和预测区优选结果,按优劣分为 A、B、C 三级,其预测资源量分别为 55.431×10^4 t、9.029×10^4 t 和 3.673×10^4 t。详见表 3-9。

表 3-9　柯单山式侵入岩体型铬铁矿预测工作区最小预测区预测级别分类统计表

最小预测区编号	最小预测区名称	级别	资源量($\times10^4$ t)
A1503202001	柯单山	A 级	55.431
A 级区预测资源量累计			**55.431**
B1503202001	坤土沟东北	B 级	2.112
B1503202002	大石头西南		6.917
B 级区预测资源量累计			**9.029**
C1503202001	万合永乡西柳林乡东	C 级	3.673
C 级区预测资源量累计			**3.673**

依据预测工作区内地质综合信息等对每个最小预测区进行综合地质评价。

A 级预测区:出露岩浆岩为中奥陶世橄榄岩。断裂主要以北东向和近东西向为主。区内有柯单山铬铁矿 1 处,形成于中奥陶世橄榄岩中。该区内有明显的重力异常及重力异常推断的隐伏基性岩体,在柯单山铬铁矿南、北两侧均有 Cr 化探异常。成矿地质、物探、化探条件有利,找矿潜力巨大。

B 级预测区:地表出露岩浆岩为中奥陶世橄榄岩。断裂主要以北东向和近东西向为主。该区内重力异常不明显,但有重力异常推断的隐伏基性岩体。多数预测区地质、物探、化探、遥感条件有利,具有较好的找矿潜力。

C 级预测区:出露岩浆岩为中奥陶世橄榄岩。断裂主要以北东向为主。该区内重力异常不明显,有重力异常推断的隐伏基性岩体。具有一定的找矿潜力。

3. 按方法(地质体积法)

柯单山式侵入岩体型铬铁矿预测工作区地质体积法预测资源量见表 3-10。

表 3-10　柯单山式侵入岩体型铬铁矿预测工作区预测资源量方法统计表

预测工作区编号	预测工作区名称	地质体积法
1503202001	柯单山	68.13×10^4 t

4. 按精度

柯单山式侵入岩体型铬铁矿预测工作区地质体积法预测资源量,依据资源量级别划分标准,可划分为 334-1 和 334-3 两个资源量精度级别,各级别资源量见表 3-11。

表 3-11　柯单山式侵入岩体型铬铁矿预测工作区预测资源量精度统计表

预测工作区编号	预测工作区名称	精度($\times10^4$ t)	
		334-1	334-3
1503202001	柯单山	55.43	12.70

5. 按深度

柯单山式侵入岩体型铬铁矿预测工作区中,根据各最小预测区内含矿地质体(超基性岩)特征,预测深度在 90～300m 之间，其资源量按预测深度统计结果见表 3-12。

表 3-12　柯单山式侵入岩体型铬铁矿预测工作区预测资源量深度统计表　　单位：$\times 10^4$ t

预测工作区编号	预测工作区名称	500m 以浅		1 000m 以浅		2 000m 以浅	
		334-1	334-3	334-1	334-3	334-1	334-3
1503202001	柯单山	55.43	12.70	55.43	12.70	55.43	12.70

6. 按矿产预测类型

柯单山式侵入岩体型铬铁矿预测工作区中，预测类型为侵入岩体型，其资源量统计结果见表 3-13。

表 3-13　柯单山式侵入岩体型铬铁矿预测工作区预测资源量矿产类型精度统计表

预测工作区编号	预测工作区名称	侵入岩体型（$\times 10^4$ t）	
		334-1	334-3
1503202001	柯单山	55.43	12.70

7. 按可利用性类别

可利用性类别的划分，主要依据：①深度可利用性（500m、1 000m、2 000m）；②当前开采经济条件可利用性；③矿石可选性；④外部交通水电环境可利用性。按权重进行取数估算。

最小预测区统计结果见表 3-14，预测工作区资源量可利用性统计结果见表 3-15。

表 3-14　柯单山式侵入岩体型铬铁矿预测工作区最小预测区预测资源量可利用性统计表

最小预测区编号	最小预测区名称	深度	开采经济条件	矿石可选性	地理交通	综合权重指数
A1503202001	柯单山	0.3	0.40	0.12	0.1	0.92
B1503202001	坤土沟东北	0.3	0.12	0.12	0.1	0.64
B1503202002	大石头西南	0.3	0.12	0.12	0.1	0.64
C1503202001	万合永乡西柳林乡东	0.3	0.12	0.12	0.1	0.64

表 3-15　柯单山式侵入岩体型铬铁矿预测工作区预测资源量可利用统计表

预测工作区编号	预测工作区名称	可利用（$\times 10^4$ t）			暂不可利用（$\times 10^4$ t）		
		334-1	334-2	334-3	334-1	334-2	334-3
1507204001	柯单山式侵入岩体型铬铁矿	55.43	—	—	—	—	12.70

第四章 赫格敖拉式侵入岩体型铬铁矿预测成果

赫格敖拉式侵入岩体型铬铁矿预测区包括内蒙古自治区二连浩特北部铬铁矿、浩雅尔洪格尔铬铁矿、哈登胡硕铬铁矿 3 个预测区。

第一节 典型矿床概述

一、典型矿床特征

该矿即原 582 铬铁矿位于内蒙古自治区锡林浩特市北部 110km 处,行政区划隶属于锡林浩特市朝克乌拉苏木管辖。

1. 矿区地质

1)地层

矿区出露上白垩统二连组泥砾岩及砂岩、薄层泥岩;第四纪风成砂及冲积、残坡积砂砾。

2)岩浆岩

赫格敖拉超基性岩长约 9km,宽约 5km,面积约 40km²,岩性为纯橄榄岩、斜辉橄榄岩、橄榄岩、橄榄辉石岩、辉石岩等。斜方辉石橄榄岩构成本区超基性岩的主体,纯橄榄岩均呈大小不等的条带状和透镜状异离体产出。全区揭露纯橄榄岩体 1 631 个,其中地表宽度大于 5m 的有 103 条,1~5m 的有 279 条,小于 1m 的有 124 条。其产状均呈北东走向,南东倾(50°~60°),仅 3756 西北部和其东两地段与全区产状不同,前者呈北东走向,倾向北西(60°~80°)。后者呈北西走向,倾向南西(50°~60°)。本区共有 15 个纯橄榄岩群,面积 1.02km²。含长石纯橄榄岩亦成群产出,只分布于边缘杂岩相中。橄榄辉石岩、辉石岩均呈脉状产于斜辉橄榄岩、纯橄榄岩、铬铁矿中,接触界线清楚,其产状平行橄榄岩带,极个别斜交。

3)构造

赫格敖拉区几乎都是超基性岩,褶皱和断层不发育。

2. 矿床特征

(1)矿体产状:矿床总体倾向 125°~140°,倾角 3°~70°。向 NE54°方向侧伏。

(2)矿体形态:透镜状、扁豆状及不规则豆荚状(似脉状),长 10~845m,宽 5~260m,平均真厚度 2.39m。矿体严格受纯橄榄岩控制,界线清楚。

(3)矿体的分带性:3756铬铁矿系由180余个大小不等的矿体组成,其中有工业价值参与资源储量估算的矿体为59个。

3. 矿石特征

矿石矿物以铬尖晶石为主,含少量磁铁矿、黄铁矿、黄铜矿和赤铁矿等。脉石矿物以叶蛇纹石为主,含少量绿泥石。

4. 结构构造

矿石结构具半自形细粒—中粒结构、链状网环结构(少量自形铬尖晶石围绕橄榄石颗粒呈环状)、半自形—自形粗粒结构、交代结构及压碎结构。

矿石构造为豆斑状构造、浸染斑点构造、条带状构造和含块状矿石的浸染状构造。

5. 矿床成因与成矿时代

赫格敖拉矿区3756铬铁矿床成因为分异式的晚期岩浆矿床。成矿时代为泥盆纪。

二、典型矿床地球物理特征

物理探矿工作,在3756区进行了1∶1万及1∶2 000的磁法测量,在1∶2 000的磁法图上,3756矿带部分表现为较低的磁异常,但与附近类似的不成矿的较低异常差别不大。

1∶1万的电测深工作证实电法对于寻找掩盖不足5m的盲矿体是有效的,但未在本区开展系统的找矿生产。

根据测井工作之目的,各种井下地球物理测井工作有视电阻率法、人工电位、自然电位、电流密度、电极电位、密度测井、天然放射性测井、磁测井、井下激发电位、井斜测量。测井工作仍能校正铬铁矿和其他岩层之深度和厚度,以防止因采取率之不足导致丢掉矿层的现象。根据典型矿床所在区的物探资料,作剖析图(图4-1)。

三、矿床地球化学特征

与预测工作区相比较,赫格敖拉式侵入岩体型铬铁矿区周围存在Cr、Fe_2O_3、Co、Ni、Mn、V等元素(或氧化物)组成的高背景区,以Cr、Fe_2O_3为主成矿元素(或氧化物),Cr、Co、Ni为内带组合异常,具有明显的浓集中心,异常强度高,套合较好;Fe_2O_3、Mn为外带组合异常,具有明显的浓集中心,异常强度较高(图4-2)。

第四章 赫格敖拉式侵入岩体型铬铁矿预测成果

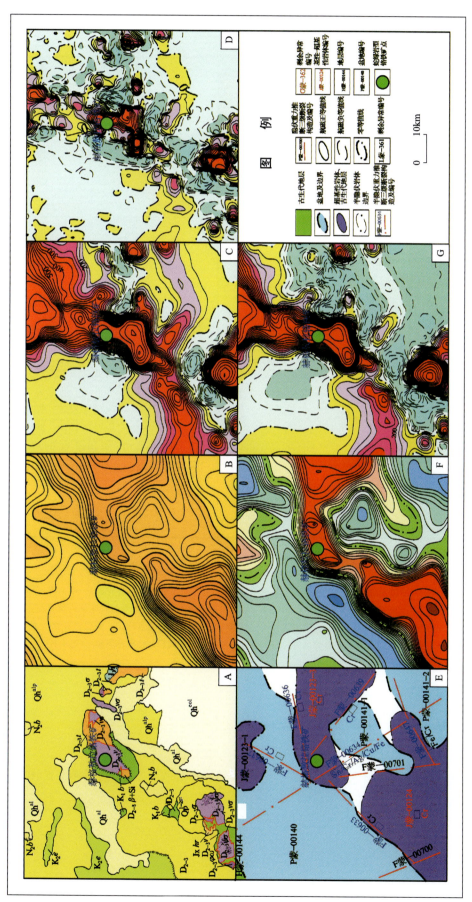

图 4-1 赫格敖拉式侵入岩体型铬铁矿"赫格敖拉典型矿床"所在区域地质矿产及物探剖析图

A.地质矿产图;B.布格△g重力异常图;C.航磁△T等值线平面图;D.航磁△T化极垂向一阶导数等值线平面图;G.航磁△T化极等值线平面图;F.剩余重力异常图;E.重力推断断裂地质构造图。

1.第四纪全新世冲积砂、砾;2.第四纪全新世风积冲积砂;3.第四纪全新世红旗组;4.第四纪早更新世冰碛混杂堆积泥砂、砾石;5.新近系上新统宝格达乌拉组;6.上白垩统二连组;7.下白垩统白彦花组;8.下侏罗统红旗组;9.中上泥盆统塔尔巴格特组;10.蓟县系哈达木哈拉达组;11.中晚泥盆世远洋沉积硅质岩与玄武岩互层;12.中晚泥盆世浅灰色蚀变辉长岩;13.中晚泥盆世碱长花岗岩;14.中晚泥盆世灰绿色墨绿色斜方辉石橄榄岩;15.中晚泥盆世灰绿色单斜辉石橄榄岩;16.中晚泥盆世灰绿色蛇纹石蛇纹岩,二辉橄榄岩,纯橄榄岩;17.第四系界线;18.角度不整合地质界线;19.岩相界线;20.性质不明断层

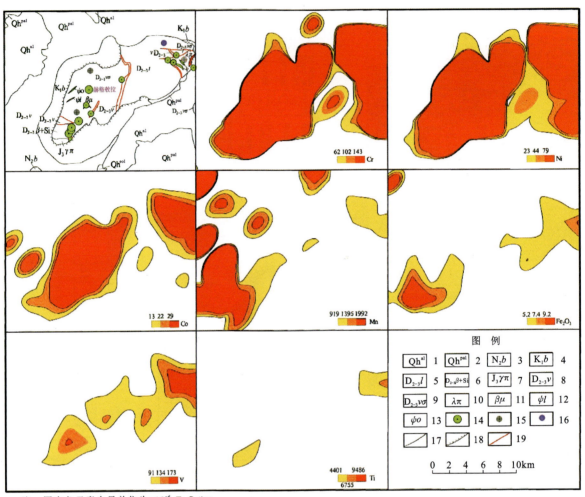

图 4-2　赫格敖拉式侵入岩体型铬铁矿赫格敖拉典型矿床化探综合异常剖析图

1.第四纪全新世冲积；2.第四纪全新世冲积、洪积砾、砂；3.新近系上新统宝格达乌拉组；4.下白垩统白彦花组；5.中上泥盆统塔尔巴格特组；6.中晚泥盆世远洋沉积硅质岩与玄武岩互层；7.晚侏罗世花岗斑岩；8.中晚泥盆世堆晶岩浅灰色蚀变辉长岩；9.中晚泥盆世淡紫色、墨绿色斜方辉石橄榄岩；10.流纹斑岩脉；11.辉绿岩脉；12.单斜辉石岩脉；13.绿泥石岩脉；14.铬矿点；15.铂矿点；16.镍钴矿点；17.第四系界线、整合接触界线；18.角度不整合地质界线；19.性质不明断层（图中各元素含量单位为$\times 10^{-6}$；Fe_2O_3含量单位%）

四、典型矿床预测模型

以典型矿床成矿要素图为基础，综合研究重力、航磁、化探、遥感等综合致矿信息，总结典型矿床预测要素表（表4-1）。

表 4-1 赫格敖拉式侵入岩体型铬铁矿赫格敖拉典型矿床预测要素表

成矿要素		内容描述			要素类别
		储量 Cr_2O_3 145.4×10⁴t	平均品位	Cr_2O_3 22.94%；MgO/FeO 为 8～10	
特征描述		岩浆晚期分异矿床			
地质环境	构造背景	Ⅰ天山-兴蒙造山系，Ⅰ-1 大兴安岭弧盆系，Ⅰ-1-5 二连-贺根山蛇绿混杂岩带（Pz_2）			必要
	成矿带	Ⅰ-4 滨太平洋成矿域（叠加在古亚洲成矿域之上），Ⅱ-12 大兴安岭成矿省，Ⅲ-6 东乌珠穆沁旗-嫩江（中强挤压区）铜、钼、铅、锌、金、钨、锡、铬成矿带（Pt_3、Vm-l、Ye-m）（Ⅲ-48），Ⅲ-6-② 朝不楞-博克图钨铋锌铅成矿亚带（ⅤⅤ）			必要
	成矿环境	透镜状、扁豆状及不规则豆荚状（似脉状），长 10～845m，宽 5～260m，平均厚度 2.39m。矿体严格受纯橄榄岩控制，界线清楚			必要
	成矿时代	泥盆纪			必要
矿床特征	矿体形态	似脉状、矿条状、脉混合岩状、矿巢状、矿瘤状、透镜状、扁豆状及脉状			重要
	岩石类型	超基性岩			重要
	岩石结构	半自形细粒—中粒浸染状矿石；半自形—自形块状矿石			次要
	矿物组合	金属矿物以铬尖晶石为主，以磁铁矿次之，并含少量黄铁矿、黄铜矿和赤铁矿。非金属矿物以叶蛇纹石为主，绿泥石次之，方解石、橄榄石、高岭石含量极少			重要
	结构构造	结构：半自形细粒—中粒结构、链状网环结构（少量自形铬尖晶石围绕橄榄石颗粒呈环状）、半自形—自形粗粒结构、交代结构及压碎结构；构造：豆斑状构造、浸染斑点构造、条带状构造、含块状矿石的浸染状构造			次要
	蚀变特征	蛇纹石化、钠黝帘石化、次闪石化、绢石化、碳酸盐化			次要
	控矿条件	纯橄榄岩控矿			必要
地球物理与地球化学特征	地球物理特征	重力异常特征	赫格敖拉式侵入岩体型铬铁矿位于面状布格重力异常边缘，Δg 为（-100～-84）×10⁻⁵m/s²，对应剩余异常图在该处表现为异常正值区，剩余编号为 G 蒙-343-1，推断该区域为超基性岩体。矿床东南部剩余重力负异常，在地质图上被第四系覆盖，说明为新生代盆地所致。另外，赫格敖拉式侵入岩体型铬铁矿周边分布多个等值线密集带，应为断裂的反映		次要
		磁法异常特征	在 3756 区进行了 1：1 万及 1：2 000 的磁法测量，在 1：2 000 的磁法图上，3756 矿带部分表现为较低的磁力异常，但与附近类似的不成矿的较低异常差别不大		重要
	地球化学特征		赫格敖拉式侵入岩体型铬铁矿区周围存在 Cr、Fe_2O_3、Co、Ni、Mn、V 等元素（或氧化物）组成的高背景区，以 Cr、Fe_2O_3 为主成矿元素（或氧化物），Cr、Co、Ni 为内带组合异常，具有明显的浓集中心，异常强度高，出现峰值为 10 670.30×10⁻⁶，套合较好；Fe_2O_3、Mn 为外带组合异常，具有明显的浓集中心，异常强度较高		次要
遥感解译特征		遥感解译推断断裂对赫格敖拉铬铁矿成矿影响意义不大			次要

　　赫格敖拉铬铁矿产于二连-贺根山蛇绿混杂岩带中，成矿均与蛇绿岩中的地幔超镁铁质岩相关，因此，典型矿床的成矿模式图采用《中国矿床模式》（裴荣富，1995）推荐的蛇绿岩中（阿尔卑斯型）豆荚状铬铁矿矿床模式图（图 2-1）。

第二节 预测工作区研究

赫格敖拉式侵入岩体型铬铁矿分为二连浩特北部、浩雅尔洪格尔和哈登胡硕3个预测工作区。

一、区域地质特征

(一)成矿地质背景

1. 赫格敖拉式侵入岩体型铬铁矿二连浩特北部预测工作区

赫格敖拉式侵入岩型铬铁矿二连浩特北部预测工作区大地构造位置为Ⅰ天山-兴蒙造山系，Ⅰ-1大兴安岭弧盆系，Ⅰ-1-5二连-贺根山蛇绿混杂岩带(Pz_2)。

成矿带为Ⅰ-4滨太平洋成矿域(叠加在古亚洲成矿域之上)，Ⅱ-12大兴安岭成矿省，Ⅲ-6东乌珠穆沁旗-嫩江(中强挤压区)铜、钼、铅、锌、金、钨、锡、铬成矿带(Pt_3、Vm-1、Ye-m)(Ⅲ-48)，Ⅲ-6-②朝不楞-博克图钨铁、锌、铅成矿亚带(V、Y)和Ⅲ-7-④苏木查干敖包-二连萤石、锰成矿亚带(Vl)。

目的层为泥盆纪基性-超基性岩($D\nu$、$D\delta\nu$、$D\beta\mu$、$D\Sigma$)。

预测工作区范围选择以1∶20万、1∶25万区测的铜镍金属量异常区，4个大的超基性岩异常区($\Sigma M01$、$\Sigma M02$、$\Sigma M03$、$\Sigma M04$)，9个小超基性岩物探异常区，5个铬铁矿化点及区内散布的基性-超基性岩体为依据。

二连浩特北铬铁矿化侵入岩为泥盆纪超基性岩($D\Sigma$)。地表多为黄褐色、灰绿色风化壳，岩石主要蚀变类型为蛇纹石化、硅化、碳酸盐化、滑石化、菱铁矿化、绿泥石化，多呈坚硬的硅质网格状风化壳，局部可见较新鲜的露头。

1)莎达格庙—查干得尔斯一带超基性岩组合

蛇纹石化辉橄岩：变余斑状结构、网格状结构，块状构造。绢石30%，呈现斜方辉石粗大假象，橄榄石55%，粉末状磁铁矿10%，少量水镁石(5%)。岩石化学分析具有低Cr、Ti,贫Ga和高Mg的特点。

2)阿拉坦格尔庙一带超基性岩

阿拉坦格尔庙一带超基性岩($D\Sigma$)出露颇为广泛，岩体近东西向脉状分布，各岩体基本平行产出，与地层走向呈一定角度的斜交。以其分布相对位置分为北、中、南3个部分。

北部共有大小岩体17个，与上石炭统本巴图组呈断层接触，局部切穿辉长岩体。岩体最长东西向可达4km，最宽260m，据物探推测向东覆盖区又可延长5km。经坑探证实岩体向北倾，倾角60°以上。由钻探(钻5)证实200m深度之内不与中部岩体相连。

中部条带状岩体与上石炭统本巴图组呈断层接触，长2.8km以上，宽110m，据物探推测向西可断续延伸1km，向东断续延伸2km，据钻探(钻6)证实在288.6m之内未穿透辉长岩，不与南部岩体相连。

南部共5个岩体，与上石炭统本巴图组亦呈断层接触，部分切穿辉长岩体，岩体最长2.9km，最宽260m，据物探推测向东覆盖区延长20多千米，宽500m左右。由本预测工作区外苏左旗幅(1∶20万)地质图的17号钻孔证实在第三纪砖红色泥岩之下，深度44.48m处见到菱镁矿化橄榄岩。地表纯橄榄岩异离体的产状向南倾，倾角大于60°。

总之区内超基性岩属辉石橄榄岩-橄榄辉石岩相，地表岩性以斜方辉橄岩为主，含少量二辉橄榄岩和纯橄榄岩，它们仅呈规模很小的异离体，聚集在岩体膨胀部位或底盘。

2. 赫格敖拉式侵入岩体型铬铁矿浩雅尔洪格尔预测工作区

赫格敖拉式侵入岩体型铬铁矿浩雅尔洪格尔预测工作区大地构造位置为Ⅰ天山-兴蒙造山系，Ⅰ-1大兴安岭弧盆系，Ⅰ-1-5二连-贺根山蛇绿混杂岩带（Pz_2）。

成矿带为Ⅰ-4滨太平洋成矿域（叠加在古亚洲成矿域之上），Ⅱ-12大兴安岭成矿省，Ⅲ-6东乌珠穆沁旗-嫩江（中强挤压区）铜、钼、铅、锌、金、钨、锡、铬成矿带（Pt_3、Vm-l、Ye-m）（Ⅲ-48），Ⅲ-6-②朝不楞-博克图钨、铁、锌、铅成矿亚带（V、Y）。

超基性（混杂）岩体，西至阿尤拉海，东至乌斯尼黑，面积2 000余平方千米。岩性包括橄榄绿色、灰绿色斜方辉石橄榄岩，单斜辉石橄榄岩，二辉橄榄岩，纯橄榄岩，辉石岩，辉长岩等。斜方辉石橄榄岩构成本区超基性岩的主体。

1）地层

预测工作区地层属滨太平洋地层区，大兴安岭-燕山地层分区、博克图-二连浩特地层小区。区内地层不全，有中元古界温都尔庙群，属含铁硅泥质岩建造；古生界泥盆系、石炭系和二叠系，属浅海相、滨海相火山沉积建造；中生界侏罗系、白垩系，属断陷盆地陆相火山岩建造；以及新生界新近系和第四系。

各时代出露地层与超基性岩、基性岩没有直接接触，不论是贺根山地区还是朝克乌拉地区均为后生构造接触，乌斯尼黑地区超基性岩与晚石炭世—早二叠世格根敖包组（C_2P_1g）不整合接触，与阿木山组（C_2a）呈断层接触。因此，预测工作区内地层均不能作为目的层。

2）侵入岩

预测工作区内的侵入岩主要有二叠纪闪长岩、石英闪长岩、花岗闪长岩和花岗岩，中—晚泥盆世的超基性岩、基性岩，侏罗纪晚期的花岗岩、花岗斑岩及石英二长斑岩。

其中最为重要的中—晚泥盆世超基性岩、基性岩，分布广，规模大，据物探资料（磁法和重力）了解，超基性岩往西延至阿尤拉海，向东延至乌斯尼黑，面积可达2 000余平方千米。

中、新生代松散沉积物相隔，朝克乌拉、贺根山、松根乌拉超基性岩延北东方向断续分布，构成了二连-贺根山蛇绿混杂岩带中段。

蛇绿混杂岩主要由远洋沉积物、洋壳残片和地幔岩组成。

该区的超基性岩就是洋壳残片的一种典型代表，属蛇绿岩亚相，因构造侵位进入大陆造山带中，与围岩呈断层接触。

浩雅尔洪格尔地区超基性岩是一套出露比较齐全的蛇绿岩，从下至上为超镁铁质岩（变形橄榄岩），具堆晶组构的超镁、镁铁质岩，均质辉长岩-低钾拉斑玄武岩质辉绿岩岩墙群，枕状或块状拉斑玄武岩。出露岩性和标准蛇绿岩剖面基本吻合。

蛇绿岩从下到上包括远洋沉积物（硅质岩与玄武岩互层、英云闪长岩）、基性岩墙（辉绿岩、辉绿玢岩）、堆晶岩（变质蚀变辉长岩）、变质橄榄岩（蛇纹岩、斜方辉石橄榄岩、单斜辉石橄榄岩、纯橄榄岩二辉橄榄岩蛇纹石化橄榄岩）。

3）构造

预测工作区位于天山-兴蒙造山系、大兴安岭弧盆系构造岩浆岩带内，二连-贺根山蛇绿混杂岩亚带中部，区内构造活动频繁，各时期断裂、褶皱表现得比较活跃，地质构造复杂，不同性质的构造形迹发育。

预测工作区分南、北两个亚带，北带属二连-贺根山蛇绿混杂岩亚带，以北东向压性、压扭性断裂及褶皱为主，东西向构造和北西向构造次之。

蛇绿混杂岩带沿北东方向斜裂分布，或者说呈"S"形分布，中间有中、新生代松散沉积物相隔，朝克乌拉到贺根山，再到松根乌拉。小坝梁超基性岩明显地受北东向断裂控制，从南西到北东，它们之间存在隐伏的北西向压性、压扭性断裂，自然地将它们分割开来，并把它们扭曲呈"S"形。

南带的构造仍以北东向为主，除压性、压扭性断裂构造外，轴线走向北东的褶皱也很发育，其次是东西向构造，它是区域构造的一部分，断裂构造为主，褶皱构造相对要弱一些。

3. 赫格敖拉式侵入岩体型铬铁矿哈登胡硕预测工作区

预测工作区大地构造位置属Ⅰ天山-兴蒙造山系，Ⅰ-1 大兴安岭弧盆系，Ⅰ-1-5 二连-贺根山蛇绿混杂岩带及Ⅰ-1-6 锡林浩特岩浆弧。

成矿带为Ⅰ-4 滨太平洋成矿域（叠加在古亚洲成矿域之上），Ⅱ-12 大兴安岭成矿省，Ⅲ-8 林西-孙吴铅、锌、铜、钼、金成矿带（Vl，Ⅱ，Ym）（Ⅲ-50），Ⅲ-8-①索伦镇-黄岗铁（锡）铜锌成矿亚带及Ⅲ-8-②神山-白音诺尔铜、铅、锌、铁、铌（钽）成矿亚带（Y）。

预测工作区选择的目的层为中—晚泥盆世斜方辉石橄榄岩（$D_{2-3}\nu\sigma$）、辉石橄榄岩（$D_{2-3}\psi\sigma$）。

预测工作区内与铬、镍矿有成矿关系的岩体应为中—晚泥盆世超基性岩（西部区为斜方辉石橄榄岩，而东部区为中辉石橄榄岩），其他岩体均与成矿无关，斜方辉石橄榄岩为铬铁矿的成矿母岩，而辉石橄榄岩为铬、镍矿成矿母岩。

1）地层

预测工作区内所出露的地层从新到老为第四系上新统宝格达乌拉组，下白垩统白彦花组、梅勒图组，上侏罗统白音高老组、玛尼吐组、满克头鄂博组，中侏罗统新民组，中二叠统哲斯组，下二叠统大石寨组一、二岩段，下二叠统寿山沟组一、二岩段等。

2）侵入岩

预测工作区内所出露的侵入岩时代为白垩纪、侏罗纪、二叠纪以及泥盆纪，区内所见岩浆岩从酸性到超基性均有不同范围的分布。

早白垩世黑云母正长花岗岩、黑云母花岗岩、花岗岩、花岗闪长岩、闪长岩、闪长玢岩、辉绿玢岩。

晚侏罗世花岗斑岩、花岗闪长岩、闪长岩、石英二长闪长岩、二长花岗岩、花岗岩。

早侏罗世花岗岩、石英闪长岩、辉长岩。

晚三叠世黑云母二长花岗岩。

晚二叠世花岗岩、二长花岗岩、花岗闪长岩、英云闪长岩、似斑状花岗岩、石英闪长岩。

中—晚泥盆世辉绿玢岩、辉长岩、斜方辉石橄榄岩、辉石橄榄岩。

3）构造

预测工作区内构造不甚发育，有可能与大面积覆盖有关，构造以断裂构造为主，褶皱构造次之，断裂构造走向以北东向为主，北西向及近东西向次之，矿床受北东向断裂控制。

（二）赫格敖拉式侵入岩体型铬铁矿区域成矿模式图

赫格敖拉式铬铁矿分为二连浩特北部、浩雅尔洪格尔和哈登胡硕 3 个预测区。成因类型为与板块活动有关的侵入岩体型（蛇绿岩型）铬铁矿，与中晚泥盆世超镁铁质岩有成因联系，严格受其控制（图4-3）。

在扩张脊环境下，地幔上涌，而比较重的矿浆则沉淀于上地幔中岩浆房底部。当扩张脊温度和压力下降时，铬铁矿结晶并聚集形成矿体。随着板块在扩张脊两侧的相向运动，矿体也随板块向大陆边缘运移，并受到地幔运移中的塑性剪切作用，而在地幔橄榄岩中发育叶理，使与叶理不整合的矿体逐渐转为整合。板块运移离扩张脊越远，水平拉伸持续的时间越长，剪切作用也越强，从而使原矿体支离破碎，形成串珠状小豆荚体。矿床的时空演化是一个连续的、持续很长的过程。在空间上，矿体要经历从上地幔、扩张脊、大陆边缘仰冲带这样宽广的区域；时间上要经历板块从扩张脊至大陆边缘所需的时间，最终在二连浩特北部预测区定位形成沙达嘎庙、阿尔登格勒庙铬铁矿床，在浩雅尔洪格尔预测区定位形成赫格敖拉区 3756 中型铬铁矿床，赫格敖拉 620 小型铬铁矿床，贺白区、贺根山西、赫白区 733、贺根山、朝克乌拉、贺根山北、贺根山南、朝根山 8 个矿点，在哈登胡硕预测工作区定位形成梅劳特乌拉、窝棚特铬铁矿点。

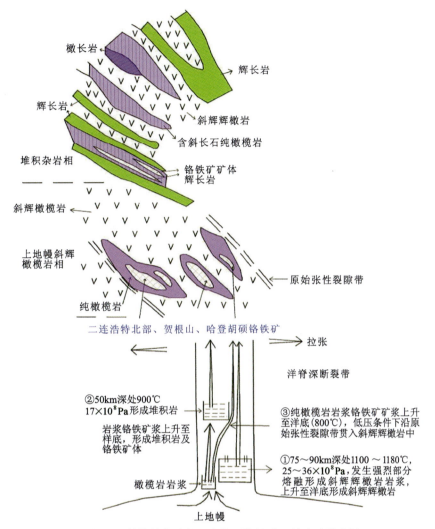

图 4-3　赫格敖拉式侵入岩体型铬铁矿区域成矿模式图

二、区域地球物理特征

(一)磁法

1. 赫格敖拉式侵入岩体型铬铁矿二连浩特北部预测工作区

苏尼特左旗-二连浩特北部地区赫格敖拉式侵入岩体型铬铁矿预测工作区在1:10万航磁 ΔT 等值线平面图上预测工作区磁异常幅值范围为100～1 000nT,整个预测区以375～625nT 正异常为背景值,预测工作区北部磁异常比南部高,磁异常变化平缓,形态以椭圆形及带状为主。纵观预测工作区磁异常轴向及 ΔT 等值线延伸方向以东西向为主。

苏尼特左旗-二连浩特北部地区赫格敖拉式侵入岩体型铬铁矿预测工作区磁法推断断裂构造以北东东向为主,磁场标志多为不同磁场区分界线及磁异常梯度带。预测工作区磁异常推断均由侵入岩体引起,东部幅值较高的椭圆形磁异常推断由超基性岩引起,东南角低缓磁异常推断由中酸性侵入岩体引起。

苏尼特左旗-二连浩特北部地区赫格敖拉式侵入岩体型铬铁矿预测工作区磁法共推断断裂构造4条,中酸性岩体8个,超基性岩体12个,中基性岩体1个。

2. 赫格敖拉式侵入岩体型铬铁矿浩雅尔洪格尔预测工作区

锡林浩特市北部浩雅尔洪格尔地区赫格敖拉式侵入岩体型铬铁矿预测工作区在1∶10万航磁 ΔT 等值线平面图上磁异常幅值范围为 $-600\sim625$ nT,背景值为 $-100\sim100$ nT,预测工作区以正磁异常为主,磁异常形状较规则,多呈北东向条带状分布,北部磁异常幅值比南侧略高,梯度变化大,南部磁异常较平缓。纵观预测工作区磁异常轴向及 ΔT 等值线延伸方向以北东向为主。赫格敖拉式侵入岩体型铬铁矿床位于预测工作区北部,处在北北东向条带状正磁异常上,600nT等值线附近。

浩雅尔洪格尔地区赫格敖拉式侵入岩体型铬铁矿预测工作区磁法推断断裂构造以北东向为主,磁场标志多为不同磁场区分界线及磁异常梯度带。预测工作区磁异常推断主要由侵入岩引起,北部幅值较高磁异常推断由基性侵入岩体引起,南部低缓异常推断由酸性侵入岩体引起。

浩雅尔洪格尔地区赫格敖拉式侵入岩体型铬铁矿预测工作区磁法共推断断裂构造5条,中酸性岩体5个,基性岩体5个,超基性岩体4个,与成矿有关的岩体1个,位于预测工作区北部。

3. 赫格敖拉式侵入岩体型铬铁矿哈登胡硕预测工作区

西乌珠穆沁旗哈登胡硕地区赫格敖拉式侵入岩体型铬铁矿预测工作区在1∶10万航磁 ΔT 等值线平面图上磁异常幅值范围为 $-1\,250\sim1\,250$ nT,背景值为 $-100\sim100$ nT,预测工作区磁异常形态杂乱,正负相间,多呈不规则带状、片状及团状,东北部磁异常幅值较高,梯度变化大。纵观预测工作区磁异常轴向及 ΔT 等值线延伸方向以北东向为主。

哈登胡硕地区赫格敖拉式侵入岩体型铬铁矿预测工作区磁法推断断裂构造以北东向为主,磁场标志多为不同磁场区分界线及磁异常梯度带。预测工作区北东-南西对角线延伸的大面积平缓磁异常推断主要由火山岩地层引起,高值磁异常推断由侵入岩体引起,东南部孤立椭圆形高值异常推断由酸性侵入岩体引起。

哈登胡硕地区赫格敖拉式侵入岩体型铬铁矿预测工作区磁法共推断断裂构造21条,中酸性岩体7个,火山岩地层3个,中基性岩体1个。

(二)重力

1. 赫格敖拉式侵入岩体型铬铁矿二连浩特北部预测工作区

预测工作区布格重力场按其走向可大致分为南、北两部分,北部有一横贯预测区的近东西走向重力高,南部重力场则表现为相对重力低。区域最高值 $\Delta g_{max}=-116.75\times10^{-5}$ m/s²。最低值 $\Delta g_{min}=-145.48\times10^{-5}$ m/s²。

剩余重力正负异常分布规律与布格重力场大致相同,北部有一横贯全区的近东西走向剩余重力正异常,有3个高值中心,最高值为 12.92×10^{-5} m/s²;南部剩余重力负异常最低值为 -14.18×10^{-5} m/s²。

预测工作区中部布格重力异常较高区域分布有范围较大的条带状剩余重力正异常,即G蒙-494,这一带地表大面积分布古生代地层,且局部出露太古宙超基性岩体,所以推断剩余重力正异常由太古宙地层基底隆起及超基性岩体所致。区内分布的近东西走向的剩余重力负异常带,编号为L蒙-497,地表主要出露第三纪地层,推断该类负异常区主要为新生代沉积盆地。

布格重力异常图上,该区北部重力高值带北侧存在重力梯度带,卫星影片解译图上,线性构造清晰明显,推断此处由一级断裂构造——二连-东乌珠穆沁旗断裂引起,编号为F蒙-02006。

预测工作区内的铬铁矿点大多数分布在剩余重力正异常区,且为重力推断的超基性岩体上。本区的超基性岩体普遍含矿性较好,是寻找铬铁矿的重要靶区。

该预测工作区推断解释断裂构造13条,中性-酸性岩体1个,基性-超基性岩体3个,地层单元5

个,中新生代盆地 4 个。

2. 赫格敖拉式侵入岩体型铬铁矿浩雅尔洪格尔预测工作区

预测工作区位于大兴安岭主脊布格重力低值带西北侧,预测工作区布格重力异常多为北东走向,呈条带状,高、低相间排列。区域重力场最低值 $\Delta g_{min}=-135.54\times10^{-5}\,m/s^2$,最高值 $\Delta g_{max}=-80.20\times10^{-5}\,m/s^2$。

预测工作区剩余重力异常的长轴方向多为北东向,形态则主要表现为延伸较长的条带状。中西部有一贯穿预测工作区的北东向剩余重力正异常,有 5 个高值中心。最高值为 $20.87\times10^{-5}\,m/s^2$,东北部剩余重力负异常最低值为 $-19.36\times10^{-5}\,m/s^2$。

预测工作区中西部布格重力异常较高区域对应范围较大的北东向条带状剩余重力正异常,即 G 蒙-362、G 蒙-343-1、G 蒙-343-2。这一带地表局部出露有超基性岩,推断剩余重力正异常由沿北东方向断续分布的超基性岩引起。东南部与其近平行的条带状剩余重力正异常,编号为 G 蒙-385,地表出露石炭系及二叠系,参考电测深、航磁资料,推断 G 蒙-385 主要由古生代地层引起。预测工作区中条带状剩余重力负异常,结合地质资料,推测多由中新生代沉积盆地所致。

根据区域重力场中布格重力梯度带、布格重力异常走向变化等特征,可以推断预测工作区西北部存在一级断裂(二连-东乌珠穆沁旗断裂),编号为 F 蒙-02006。预测工作区南部存在一级断裂(艾里格庙-锡林浩特断裂),编号为 F 蒙-02007。

在该预测工作区推断解释断裂构造 62 条,中性-酸性岩体 1 个,基性-超基性岩体 8 个,地层单元 10 个,中新生代盆地 12 个。

3. 赫格敖拉式侵入岩体型铬铁矿哈登胡硕预测工作区

预测工作区布格重力异常大多为北东走向,呈狭长的条带状,高、低值区(带)相间排列,东侧则以面状和团块状为主。区域重力场最高值 $\Delta g_{max}=-70.32\times10^{-5}\,m/s^2$,最低值 $\Delta g_{min}=-128.86\times10^{-5}\,m/s^2$。

剩余重力异常图中异常大多为北东走向,呈条带状分布。预测工作区西部异常走向明显,梯度较大,东南部异常则较为宽缓。

位于预测工作区中西部的北东走向剩余重力正异常,编号为 G 蒙-208,其剩余重力最高值达 $12.29\times10^{-5}\,m/s^2$,该区域地表出露二叠系,推断这个正异常是由二叠纪地层隆起所致。正异常 G 蒙-208 两侧,对应布格重力异常上的相对低值区分布有长轴状剩余重力负异常 L 蒙-206、L 蒙-207 和 L 蒙-213,这一带地表被大面积第四系和侏罗系所覆盖,推断为中新生代沉积盆地。预测工作区东南部的等轴状负异常区地表出露酸性岩体,推断由酸性岩侵入引起。另外,预测工作区南部的椭圆状剩余重力正异常,航磁资料显示正磁异常,推测由超基性岩引起。

预测工作区 2 处北东走向的重力异常梯级带,推断是乌兰哈达-林西断裂(编号 F 蒙-02011)、艾里格庙-锡林浩特断裂(F 蒙-02007)的反映。

该预测工作区推断解释断裂构造 28 条,中性-酸性岩体 2 个,基性-超基性岩体 1 个,地层单元 8 个,中新生代盆地 9 个。

三、区域地球化学特征

1. 赫格敖拉式侵入岩体型铬铁矿二连浩特北部预测工作区

区域上分布有由 Cr、Fe_2O_3、Co、Ni、Mn、V、Ti 等元素(或氧化物)组成的高背景区(带),在高背景区(带)中有以 Cr、Fe_2O_3、Co、Ni、Mn、Ti、V 为主的多元素(或氧化物)局部异常。预测工作区内共有 8 处

Cr 异常,10 处 Co 异常,12 处 Fe_2O_3 异常,13 处 Mn 异常,11 处 Ni 异常,10 处 Ti 异常,16 处 V 异常。

预测工作区中北部 Cr、Ni 呈背景和高背景分布,存在明显的浓度分带和浓集中心,巴润德尔斯乃布其-阿拉坦格尔地区存在多处局部异常,异常呈近东西向分布,异常范围较大;在沙达嘎庙、阿拉坦格尔地区存在多处浓集中心,且浓集中心明显,异常强度高。在预测工作区中北部存在 Co、Fe_2O_3、Mn 的背景和高背景区,具有明显的浓度分带,浓集中心少且分散。V 在预测工作区多呈背景和高背景分布,局部异常区多分布在预测工作区中北部,具有明显的浓度分带,但无明显的浓集中心。Ti 在预测工作区多呈背景分布。

预测工作区内元素异常套合较好的组合异常编号为 Z-1、Z-2 和 Z-3,异常元素(或氧化物)有 Cr、Fe_2O_3、Co、Ni、Mn、V、Ti,元素(或氧化物)异常套合较好,Cr 具有明显的浓度分带和浓集中心。

2. 赫格敖拉式侵入岩体型铬铁矿浩雅尔洪格尔预测工作区

区域上分布有由 Cr、Fe_2O_3、Co、Ni、Mn、V、Ti 等元素(或氧化物)组成的高背景区(带),在高背景区(带)中有以 Cr、Fe_2O_3、Co、Ni、Mn、V 为主的多元素(或氧化物)局部异常。预测工作区内共有 48 处 Cr 异常,34 处 Co 异常,36 处 Fe_2O_3 异常,37 处 Mn 异常,29 处 Ni 异常,23 处 Ti 异常,28 处 V 异常。

预测工作区内存在一条宽约 30km 的 Cr、Ni、Co 高背景区,呈北东向带状分布,分布于马辛呼都格—巴彦图门嘎查一带;高背景区中分布有规模较大的 Cr、Ni、Co 局部异常,存在明显的浓度分带和浓集中心,浓集中心范围较大,异常强度高,多呈面状分布;Cr、Ni、Co 异常套合较好。在马辛呼都格-浩雅尔洪格尔地区存在一条 Fe_2O_3、Mn 的高背景区,具有明显的浓度分带和浓集中心;在马辛呼都格地区存在规模较大的 Fe_2O_3 局部异常,浓集中心明显,范围较大,呈面状分布;巴彦塔拉嘎查和浩雅尔洪格尔地区存在多处 Mn 的局部异常,浓集中心明显,异常强度高。V 在马辛呼都格—巴彦图门嘎查一带呈背景和高背景分布,马辛呼都格-哈昭乌苏乌日特存在规模较大的 V、Ti 局部异常,浓集中心明显,范围较大,呈面状分布。Ti 在预测工作区南部呈背景和高背景分布,具有明显的浓度分带和浓集中心。

预测工作区内元素异常套合较好的组合异常编号为 Z-1 至 Z-5,Z-3 中异常元素为 Cr、Ni、Mn、Cr、Ni,元素异常套合较好,Mn 异常范围较小;Z-1、Z-2、Z-4 和 Z-5 中 Cr、Fe_2O_3、Co、Ni、Mn、V、Ti 套合较好,呈环状分布,Fe、Mn 异常范围较小,Cr 异常范围较大,具有明显的浓度分带和浓集中心。

3. 赫格敖拉式侵入岩体型铬铁矿哈登胡硕预测工作区

区域内分布有由 Cr、Fe_2O_3、Co、Ni、Mn、V、Ti 等元素(或氧化物)组成的高背景区(带),在高背景区(带)中有以 Cr、Fe_2O_3、Co、Ni、Mn、V 为主的多元素(或氧化物)局部异常。预测工作区内共有 20 处 Cr 异常,12 处 Co 异常,18 处 Fe_2O_3 异常,8 处 Mn 异常,16 处 Ni 异常,26 处 Ti 异常,25 处 V 异常。

预测工作区 Cr 呈背景和高背景分布,存在明显的浓度分带和浓集中心,规模较大的局部异常主要分布于巴彦胡舒-巴棋宝拉格嘎查、巴彦胡博嘎查、窝棚特和萨如拉宝拉格嘎查以北地区。Ni、Ti 在预测工作区多呈背景和高背景分布,局部呈背景和低背景分布,高背景区具有明显的浓度分带和浓集中心。萨如拉图雅嘎查-劳吉哈登陶布格地区以及预测工作区东南部分布有 Co、Fe_2O_3、Mn、V 背景和高背景区,在梅劳特乌拉地区和宝日格斯台苏木存在 Co、Fe_2O_3、V 的局部异常,具有明显的浓度分带和浓集中心。

预测工作区内元素异常套合较好的组合异常编号为 Z-1 至 Z-6,异常元素(或氧化物)为 Cr、Fe_2O_3、Co、Ni、Mn、Ti、V,元素异常套合较好,呈闭合环状分布。

四、区域遥感影像及解译特征

1. 赫格敖拉式侵入岩体型铬铁矿二连浩特北部预测工作区

预测工作区内解译出巨型断裂带即二连-贺根山断裂带,该断裂带在图幅中部,横跨整个幅图幅的中部地区。此巨型构造在该图幅区域内显示明显的东西向延伸特点,线性构造两侧地层体较复杂且经过多套地层。

本预测工作区内共解译出大型构造即锡林浩特北缘断裂带,位于本图幅东南方位,显示明显的东西向延伸。

本预测工作区内共解译出中小型构造70余条,西北部地区的中小型构造主要集中在二连-贺根山断裂带以北的地区,构造走向以东西向、北东东向和北西西向为主;中部地区和东部地区的中小型构造主要集中在二连-贺根山断裂带以北的区域,二连-贺根山断裂带南部也有分布,且走向分布规律不明显。

本预测工作区内的环形构造比较发育,共解译出环形构造4个,其成因类型为古生代花岗岩类引起的环形构造。环形构造在空间分布上没有明显的规律:西部地区二连浩特市构造以西有两个环形构造,北部地区的两个环形构造集中在查干额日格-包苏干乃包其构造邻近区域。环内主要发育有二叠纪花岗岩,影像中环形特征明显且规模一般,与附近构造的相互作用比较明显,环状纹理清晰。

预测工作区遥感异常分布特征为羟基异常较少,主要分布在东北部地区,西南部地区和西部地区以及南部地区分布较少或零星分布。二连-贺根山断裂带北部有部分羟基异常分布。图幅南部的赛罕高毕苏木乡附近分布少量羟基异常。

本预测工作区的铁染异常主要分布在预测工作区北部和西部,南部地区分布较少或零星分布。图幅西部二连-贺根山断裂带以北赛罕高毕苏木西北构造附近有部分铁染异常分布;二连浩特市构造以西地带有大量铁染异常分布,二连浩特市构造以东地带直至达日罕乌拉苏木构造以西分布有大片铁染异常。图幅东北部的查干额日格-包苏干乃包其构造附近分布少量铁染异常,以及达日罕乌拉苏木构造以北方向也有大片异常分布;二连-贺根山断裂带南部地带有零星异常分布。

2. 赫格敖拉式侵入岩体型铬铁矿浩雅尔洪格尔预测工作区

该预测工作区中北部解译出巨型北东二连-贺根山断裂带,切割了多个地质体。

本预测工作区南部解译出近东西向延伸的大型构造即锡林浩特北缘断裂带。

本预测工作区内共解译出中小型构造100多条,所有构造在图幅内分布杂乱无序,无明显规律。断层主要发育于石炭系宝力高庙组,白垩系二连组、大磨拐河组,新近系宝格达乌拉组等地层结构。

预测工作区内的环形构造比较发育,共解译出64个环形构造,其中有8条大型环形构造。其成因类型为中生代花岗岩类引起的环形构造、与隐伏岩体有关的环形构造及基性岩类引起的环形构造。环形构造在主要分布在预测区西南部的巴彦宝拉格苏木附近及中部的阿尔善宝拉格镇以东。环内发育有更新世玄武岩,泥盆纪超基性岩,宝力高庙组灰黑色、灰黄色中酸性火山熔岩,火山碎屑岩,正常碎屑岩等,影像分析为火山构造且有环形特征,依据地貌特征能够比较清晰地识别,存在一定的色调异常。

本预测区的羟基异常分布不均匀。巴彦宝拉格苏木构造附近、北部二连-贺根山断裂带与巴彦胡舒苏木构造之间有大片羟基异常,且与铬铁矿矿点相伴。

本预测区的铁染异常分布不均匀。对照本预测区解译影像图分析,二连-贺根山断裂带与巴彦宝拉格苏木构造之间分布有大量铁染异常。

中部阿尔善宝拉格镇构造与巴彦宝拉格苏木构造交界处有大片铁染异常。预测工作区东北部的巴彦胡舒苏木构造和巴彦胡舒苏木构造以北及周边地区、巴彦宝拉格苏木构造附近有大片铁染异常。其

3. 赫格敖拉式侵入岩体型铬铁矿哈登胡硕预测工作区

预测工作区内解译出大型构造即锡林浩特北缘断裂带和大兴安岭-太行山断裂带，锡林浩特北缘断裂带位于预测工作区中部偏南，横贯整个预测区，显示明显的东北向延伸特点。大兴安岭-太行山断裂带位于预测工作区东南方，显示北北东向延伸特点。

本预测工作区内共解译出中小型构造70余条，绝大多数的中小型构造主要集中在锡林浩特北缘断裂带以南的地区，断层主要发育在侏罗系、二叠系林西组、二叠系大石寨组、石炭系本巴图组等地层中。锡林浩特北缘断裂带北部也有部分分布，且走向分布规律不明显。

本预测工作区内的环形构造比较发育，共解译出环形构造16个，其成因类型为与隐伏岩体有关的环形构造。环形构造主要在图幅的东南方向密集分布，其中有7个大型环形构造，环内发育有白垩纪花岗岩，满克头鄂博组灰白色、浅灰色酸性火山熔岩，酸性火山碎屑岩，火山碎屑沉积岩。影像中环形特征明显且规模一般，与附近构造的相互作用比较明显，环状纹理清晰。

预测工作区遥感异常分布特征为羟基异常，主要分布在东北部地区，其他部分地区分布较少或零星分布。结合影像图对照，巴彦锡勒断裂带与巴彦温都尔苏木西北构造交界处有大片羟基异常，胡尔勒-巴彦花苏木断裂带附近也有部分羟基异常分布。

本预测工作区的铁染异常较少，多分布在东南部地区，其他部分地区分布较少或零星分布。结合解译图对照，巴彦锡勒断裂带以东地区与巴彦温都尔苏木西北构造以南地带分布有部分铁染异常，其余地区大多分布零星异常，且无明显规则可循。

五、区域预测模型

(一)成矿要素

预测工作区区域预测要素图以区域成矿要素图为基础，综合研究化探、重力、航磁、遥感等综合致矿信息，总结区域预测要素表，将综合信息各专题异常曲线全部叠加在成矿要素图上，并将物探解译或解释的隐伏超基性地质体表示于预测底图上，形成预测工作区预测要素图。

1. 赫格敖拉式侵入岩体型铬铁矿二连浩特北部预测工作区

纵观二连浩特北部工作区，从区域地质特征来看，区内所有矿床均位于超基性岩中，化探特征上，均位于铬铁矿化探异常三级浓度分带异常区内，异常面积大，强度高。从磁场特征来看，矿床所在区域航磁化极为高磁异常区，异常值在200～350nT范围内。从重力场特征来看，矿床位于重力高值区，剩余重力异常值为$(5～9)×10^{-5}$m/s²（表4-2）。

表4-2　赫格敖拉式侵入岩体型铬铁矿二连浩特北部预测工作区区域预测要素表

区域成矿要素		描述内容	要素类别
地质环境	大地构造位置	Ⅰ天山-兴蒙造山系，Ⅰ-1大兴安岭弧盆系，Ⅰ-1-5锡林浩特岩浆弧(Pz₂)	必要
	成矿区(带)	Ⅰ-4滨太平洋成矿域(叠加在古亚洲成矿域之上)，Ⅰ-12大兴安岭成矿省，Ⅲ-6-②朝不楞-博克图钨铁锌铅成矿亚带(Ⅴ、Y)	重要
	区域成矿类型及成矿期	蛇绿岩型；泥盆纪	必要

续表 4-2

区域成矿要素		描述内容	要素类别
控矿地质条件	赋矿地质体	纯橄榄岩	必要
	控矿侵入岩	超基性岩	重要
	主要控矿构造	总的构造线为北北东向的复式褶皱	重要
区内相同类型矿产		预测工作区内有 2 个铬铁矿点	重要
地球物理特征	剩余重力异常	剩余重力异常值取 $(5\sim9)\times10^{-5}\mathrm{m/s^2}$	重要
	航磁化极异常	航磁化极异常值取 200～350nT	重要
地球化学特征		Cr 单元素异常分布与超基性岩及物探异常较为吻合,取其三级浓度分带	重要
遥感特征		遥感解译断裂对该区成矿预测影响不大	次要

2. 赫格敖拉式侵入岩体型铬铁矿浩雅尔洪格尔预测工作区

纵观浩雅尔洪格尔预测工作区,从区域地质特征来看,赫格敖拉铬铁矿典型矿床及其他非典型矿床均位于超基性岩中,化探特征上,均位于铬铁矿化探异常三级浓度分带异常区内,异常面积大,强度高。从磁场特征来看,矿床所在区域航磁化极为高磁异常区,异常值在 1 000～1 400nT 范围内。从重力场特征来看,区域重力场走向为西北-东南,矿床位于重力高值区,剩余重力异常值为 $(4\sim8)\times10^{-5}\mathrm{m/s^2}$(表 4-3)。

表 4-3 赫格敖拉式侵入岩体型铬铁矿浩雅尔洪格尔预测工作区区域预测要素表

区域成矿要素		描述内容	要素类别
地质环境	大地构造位置	Ⅰ 天山-兴蒙造山系,Ⅰ-1 大兴安岭弧盆系,Ⅰ-1-5 二连-贺根山蛇绿混杂岩带(Pz₂)	重要
	成矿区(带)	Ⅰ-4 滨太平洋成矿域(叠加在古亚洲成矿域之上),Ⅱ-12 大兴安岭成矿省,Ⅲ-6 东乌珠穆沁旗-嫩江(中强挤压区)铜、钼、铅、锌、金、钨、锡、铬成矿带(Pt₃,Vm-l,Ye-m)(Ⅲ-48),Ⅲ-6-② 朝不楞-博克图钨铁锌铅成矿亚带(V、Y)、Ⅲ-7 阿巴嘎-霍林河铬、铜(金)、锗、煤、天然碱、芒硝成矿带(Ym),Ⅲ-7-⑤ 温都尔庙-红格尔庙铁成矿亚带(Pt)、Ⅲ-8 林西-孙吴铅、锌、铜、钼、金成矿带(Ⅵ、Ⅱ、Ym),Ⅲ-8-① 索伦镇-黄岗铁(锡)、铜、锌成矿亚带三者交界之处	重要
	区域成矿类型及成矿期	蛇绿岩型;泥盆纪	必要
控矿地质条件	赋矿地质体	纯橄榄岩控矿	必要
	控矿侵入岩	海西早期超基性岩	次要
	主要控矿构造	区内断层对成矿影响不大	必要
围岩蚀变标志		蛇纹石化、钠黝帘石化、次闪石化、绢石化、碳酸盐化	重要
区内相同类型矿产		本区共 11 个矿床(点)	重要

续表 4-3

区域成矿要素		描述内容	要素类别
地球物理特征	剩余重力异常	剩余重力异常值选取$(4\sim8)\times10^{-5}\mathrm{m/s^2}$	重要
	航磁化极异常	航磁化极异常值选取 $1\,000\sim1\,400\mathrm{nT}$	次要
地球化学特征		Cr单元素异常分布与超基性岩及物探异常较为吻合,取其三级浓度分带	重要
遥感特征		遥感解译对该区成矿预测影响不大	次要

3. 赫格敖拉式侵入岩体型铬铁矿哈登胡硕预测工作区

纵观哈登胡硕预测工作区,从区域地质特征来看,已知矿床(点)均位于超基性岩中,化探特征上,均位于铬铁矿化探异常三级浓度分带异常内,异常面积大,强度高。从磁场特征来看,矿床所在区域航磁化极为高磁异常区,异常值在 500nT 以上。从重力场特征来看,预测工作区布格重力场按其走向可大致分为南、北两部分,北部有一横贯预测工作区的近东西走向重力高,南部重力场则表现为相对重力低。区域重力场最高值 $\Delta g_{\max}=-115.49\times10^{-5}\mathrm{m/s^2}$,最低值 $\Delta g_{\max}=-147.58\times10^{-5}\mathrm{m/s^2}$。剩余重力正负异常分布规律与布格重力场大致相同,北部有一横贯全区的近东西走向剩余重力正异常,最高值为 $-12.92\times10^{-5}\mathrm{m/s^2}$,南部剩余重力负异常最低值为 $-14.18\times10^{-5}\mathrm{m/s^2}$。已知矿床(点)位于重力高值区,剩余重力异常值范围为$(8\sim18)\times10^{-5}\mathrm{m/s^2}$(表 4-4)。

表 4-4 赫格敖拉式侵入岩体型铬铁矿哈登胡硕预测工作区预测要素表

区域预测要素			描述内容	要素类别
地质环境	大地构造位置		Ⅰ天山-兴蒙造山系,Ⅰ-1 大兴安岭弧盆系,Ⅰ-1-5 锡林浩特岩浆弧	必要
	成矿区(带)		Ⅰ-4 滨太平洋成矿域(叠加在古亚洲成矿域之上),Ⅱ-12 大兴安岭成矿省,Ⅲ-8 林西-孙吴铅、锌、铜、钼、金成矿带,Ⅲ-8-1 索伦镇-黄岗铁(锡)、铜、锌成矿亚带	必要
	区域成矿类型及成矿期		侵入岩体型;海西早期	必要
控矿地质条件	赋矿地质体		海西期超基性岩体	重要
	控矿侵入岩		泥盆纪辉长岩、辉石橄榄岩、纯橄榄岩	必要
	主要控矿构造		海西早期北东向和北东东向断裂	重要
区内相同类型矿产			两个矿点	重要
地球物理与地球化学特征	地球物理特征	重力	剩余重力特征多显示为正异常区的浓集中心附近	重要
		航磁	航磁化极特征多显示为正异常区的浓集中心附近	重要
	地球化学特征		Cr元素异常值为正值,且异常峰值较高,异常面积较大,套合较好	重要
遥感特征			遥感解译的北东向及北东东向断裂构造	重要

(二)区域预测模型

1. 赫格敖拉式侵入岩体型铬铁矿二连浩特预测工作区

根据预测工作区区域成矿要素和化探、航磁、重力、遥感,建立了本预测区的区域预测要素,并编制预测模型图(图4-4)。

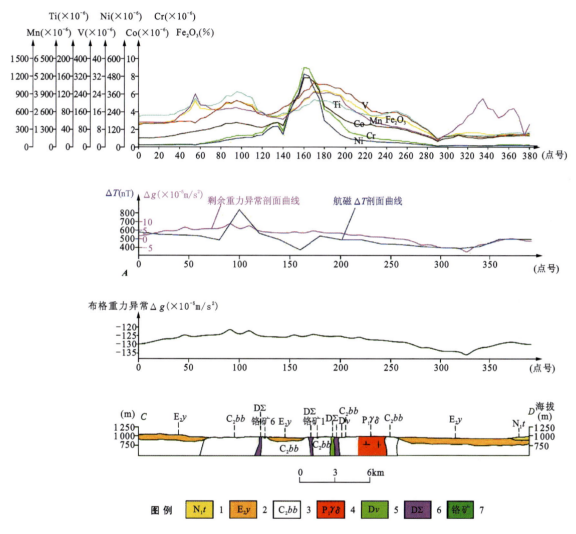

图4-4 二连浩特北部预测工作区预测模型图

1.中新统通古尔组;2.新近系始新统伊尔丁曼哈组;3.上石炭统本巴图组;
4.早二叠世花岗闪长岩;5.泥盆纪角闪辉长岩;6.泥盆纪橄榄岩;7.铬矿点及编号

2. 赫格敖拉式侵入岩体型铬铁矿浩雅尔洪格尔预测工作区

根据预测工作区区域成矿要素和化探、航磁、重力、遥感,建立了本预测工作区的区域预测要素,并编制预测模型图(图4-5)。

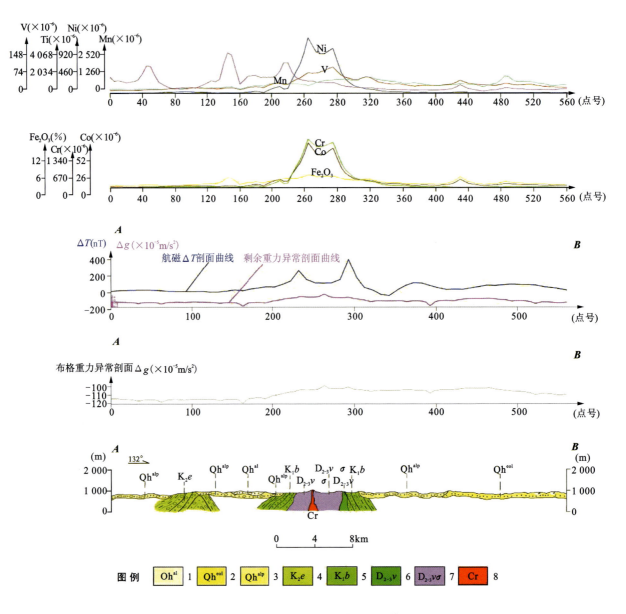

图 4-5 浩雅尔洪格尔预测工作区预测模型图

1.第四纪全新世冲积砂、砾;2.第四纪全新世风积砂;3.第四纪全新世冲积砂、洪积砂、砾;4.上白垩统二连组;
5.下白垩统巴彦花组;6.浅灰色蚀变辉长岩;7.淡紫色、墨绿色斜方辉石橄榄岩;8.铬矿体

3. 赫格敖拉式侵入岩体型铬铁矿哈登胡硕预测工作区

根据预测工作区区域成矿要素和化探、航磁、重力、遥感,建立了本预测区的区域预测要素,并编制预测模型图(图 4-6)。

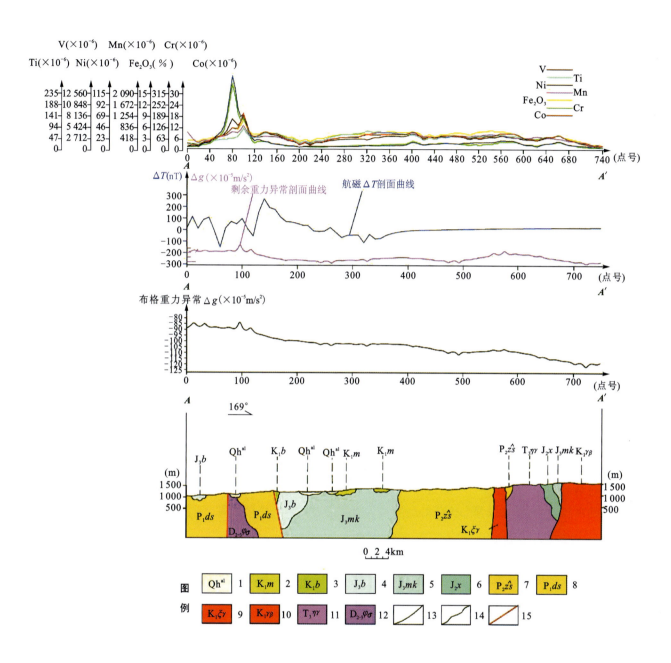

图 4-6 赫格敖拉式侵入岩体型铬铁矿哈登胡硕预测工作区预测模型图

1.第四系;2.下白垩统梅勒图组;3.下白垩统白彦花组;4.上侏罗统白音高老组;5.上侏罗统满克头鄂博组;6.中侏罗统新民组;7.中二叠统哲斯组;8.下二叠统大石寨组;9.早白垩世黑云母正长花岗岩;10.早白垩世黑云母花岗岩;11.晚三叠世黑云母二长花岗岩;12.中晚泥盆世斜辉橄榄岩;13.实测地质界线;14.角度不整合地质界线;15.性质不明断层

第三节 矿产预测

一、综合地质信息定位预测

(一)变量提取及优选

1. 赫格敖拉式侵入岩体型铬铁矿二连浩特北部预测工作区

根据典型矿床及预测工作区研究成果,进行综合信息预测要素提取,本次选择网格单元法作为预测单元,根据预测底图比例尺确定网格间距为 1 000m×1 000m,图面网格间距为 20mm×20mm。

(1)地质体:提取泥盆纪超基性侵入岩如橄榄岩等,求其存在标志。

(2)航磁异常:依据区内航磁异常与已知矿床或矿点的关系,选择航磁化极异常作为本次预测资料。区内各矿点均位于低缓负磁异常区,异常区异常强度高,异常值在 200～350nT 之间。

(3)重力:预测区重力场整体呈现北高南低。北部有一横贯预测区近东西走向重力高,区域最高值 $\Delta g_{max}=-115.49\times 10^{-5}\mathrm{m/s^2}$;南部重力场表现为相对重力低。

(4)化探:本区 Cr 单元素异常、组合异常及综合异常与已知矿点吻合程度高,特别是 Cr 单元素异常图吻合程度更高,因此,选用 Cr 单元素异常图作为本次预测资料,提取三级浓度分带,异常值为(62～1 032)×10^{-6}。

(5)已知矿点:有 2 个同类型矿点,均对它们进行缓冲区处理,缓冲值为 1km,图上半径为 5mm。

对地质体、断层、遥感环要素进行单元赋值时采用区的存在标志;化探、剩余重力、航磁化极则求起始值的加权平均值,在变量二值化时利用异常范围值人工输入变化区间。

2. 赫格敖拉式侵入岩体型铬铁矿浩雅尔洪格尔预测工作区

根据典型矿床及预测工作区研究成果,进行综合信息预测要素提取,本次选择网格单元法作为预测单元,根据预测底图比例尺确定网格间距为 1 000m×1 000m,图面网格间距为 20mm×20mm。

(1)地质体:提取泥盆纪超基性侵入岩如纯橄榄岩、蛇纹石化橄榄岩、单斜辉石橄榄岩、斜方辉石橄榄岩、蛇纹岩等,求其存在标志。

(2)航磁异常:依据区内航磁磁异常与已知矿床或矿点的关系,选择航磁化极异常作为本次预测资料。区内多数铬铁矿点及典型矿床处于高磁异常区,异常区异常强度高,异常值在 1 000～1 400nT 之间。

(3)重力:重力异常图中预测区位于大兴安岭主脊重力低值带西北侧,预测区中部展布北东走向的条带状重力高异常,其西北侧是呈面状分布的重力低异常,另外,预测区东南部分布着多个等轴状、长轴状高异常。区域重力场最低值 $\Delta g_{min}=-136.06\times 10^{-5}\mathrm{m/s^2}$,最高值 $\Delta g_{max}=-79.55\times 10^{-5}\mathrm{m/s^2}$。

(4)化探:本区 Cr 单元素异常、组合异常及综合异常与已知矿床及矿点吻合程度高,特别是 Cr 单元素异常图吻合程度更高,因此,选用 Cr 单元素异常图作为本次预测资料,提取三级浓度分带,异常值为 (62.0～168)×10^{-6}。

(5)已知矿点:有 11 个同类型矿(床)点,其中有 1 个中型矿床,1 个小型矿床,9 个矿点,均对它们进行缓冲区处理,缓冲值为 1km,图上半径为 5mm。

对地质体、断层、遥感环要素进行单元赋值时采用区的存在标志；化探、剩余重力、航磁化极则求起始值的加权平均值，在变量二值化时利用异常范围值人工输入变化区间。

3. 赫格敖拉式侵入岩体型铬铁矿哈登胡硕预测工作区

根据典型矿床及预测工作区研究成果，进行综合信息预测要素提取，本次选择网格单元法作为预测单元，根据预测底图比例尺确定网格间距为 1 000m×1 000m，图面网格间距为 20mm×20mm。

(1) 地质体：提取泥盆纪超基性侵入岩如辉长岩、辉石橄榄岩、纯橄榄岩等，求其存在标志。

(2) 航磁异常：依据区内航磁磁异常与已知矿床或矿点的关系，选择航磁化极异常作为本次预测资料。区内各矿点均与正异常高值区重合，异常区异常强，已知矿床（点）所在异常值在 500nT 以上。

(3) 重力：剩余重力正负异常分布规律与布格重力场大致相同，北部有一横贯全区的近东西走向剩余重力正异常，最高值是 $-12.92\times10^{-5}\text{m/s}^2$。南部剩余重力负异常最低值是 $-14.18\times10^{-5}\text{m/s}^2$。已知矿床（点）位于重力高值区，剩余重力异常值范围在 $(8\sim18)\times10^{-5}\text{m/s}^2$ 之间。

(4) 化探：本区选用 Cr 单元素地化图、Cr 单元素异常图作为本次预测资料，优选异常值为正值，且异常峰值较高，异常面积较大，套合较好的地段。

(5) 已知矿点：有 2 个同类型矿点，均对它们进行缓冲处理，缓冲值为 1km，图上半径为 5mm。

对地质体、断层、遥感环要素进行单元赋值时采用区的存在标志；化探、剩余重力、航磁化极则求起始值的加权平均值，在变量二值化时利用异常范围值人工输入变化区间。

（二）最小预测区圈定及优选

1. 赫格敖拉式侵入岩体型铬铁矿二连浩特北部预测工作区

选择赫格敖拉 3756 典型矿床所在的最小预测区为模型区，模型区内出露的地质体为泥盆纪超基性侵入岩如纯橄榄岩、蛇纹石化橄榄岩、单斜辉石橄榄岩、斜方辉石橄榄岩、蛇纹岩，依据区内航磁磁异常起始值、重力异常起始值及典型矿床研究确定 Cr 元素化探异常起始值和预测工作区内已知 2 个同类型矿点，故采用少模型预测工程进行预测，预测过程中先后采用了数量化理论Ⅲ、聚类分析、神经网络分析等方法进行空间评价，形成的色块图（图 4-7），叠加各预测要素，对色块图进行人工筛选，圈定最小预测区分布图（图 4-8）。

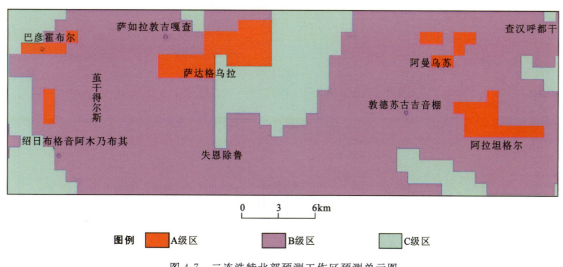

图 4-7 二连浩特北部预测工作区预测单元图

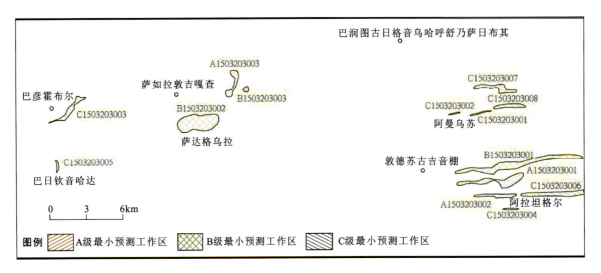

图 4-8　二连浩特北部预测工作区最小预测区圈定结果

2. 赫格敖拉式侵入岩体型铬铁矿浩雅尔洪格尔预测工作区

选择赫格敖拉 3756 典型矿床所在的最小预测区为模型区，模型区内出露的地质体为泥盆纪超基性侵入岩如纯橄榄岩、蛇纹石化橄榄岩、单斜辉石橄榄岩、斜方辉石橄榄岩、蛇纹岩，依据区内航磁磁异常起始值、重力异常起始值及典型矿床研究确定 Cr 元素化探异常起始值、预测工作区内已知 11 个同类型矿（床）点，故采用有模型预测工程进行预测，预测过程中先后采用了数量化理论Ⅲ、聚类分析、神经网络分析等方法进行空间评价，形成的色块图（图 4-9），叠加各预测要素，对色块图进行人工筛选，圈定最小预测区分布图（图 4-10）。

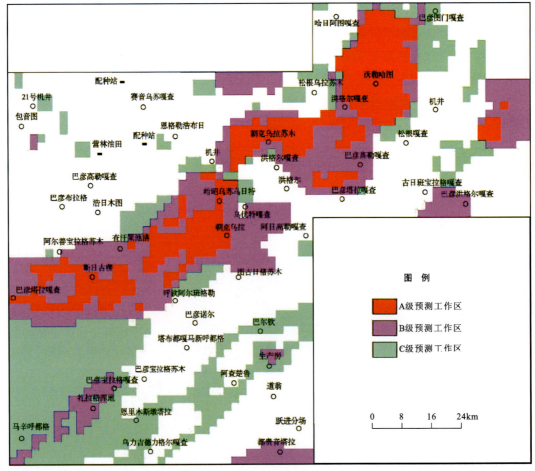

图 4-9　浩雅尔洪格尔预测工作区预测单元图

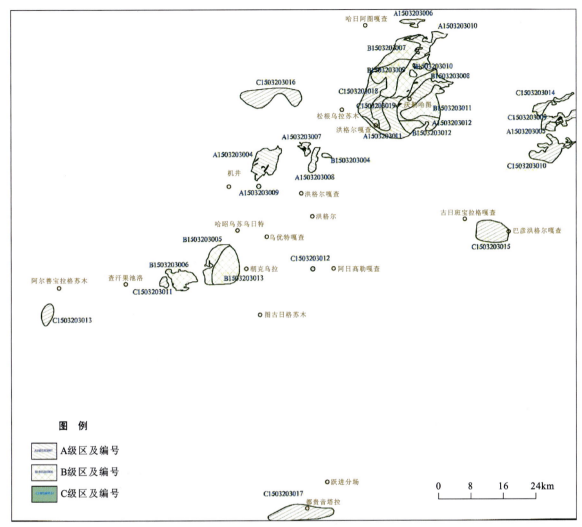

图 4-10 浩雅尔洪格尔预测工作区最小预测区圈定结果

3. 赫格敖拉式侵入岩体型铬铁矿哈登胡硕预测工作区

选择赫格敖拉 3756 典型矿床所在的最小预测区为模型区,模型区内出露的地质体为泥盆纪超基性侵入岩如纯橄榄岩、蛇纹石化橄榄岩、单斜辉石橄榄岩、斜方辉石橄榄岩、蛇纹岩,依据区内航磁磁异常起始值、重力异常起始值及典型矿床研究确定 Cr 元素化探异常起始值、预测工作区内已知 2 个同类型矿点,故采用有模型预测工程进行预测,预测过程中先后采用了数量化理论Ⅲ、聚类分析、神经网络分析等方法进行空间评价,形成的色块图(图 4-11),叠加各预测要素,对色块图进行人工筛选,圈定最小预测区分布图(图 4-12)。

(三)最小预测区圈定结果

1. 赫格敖拉式侵入岩体型铬铁矿二连浩特北部预测工作区

本次工作共圈定各级异常区 14 个,其中 A 级 3 个(含已知矿床),总面积 3.99km²;B 级 3 个,总面积 8.57km²;C 级 9 个,总面积 5.15km²。各级别面积分布合理,且已知矿床均分布在 A 级预测区内,说明预测区优选分级原则较为合理(表 4-5)。

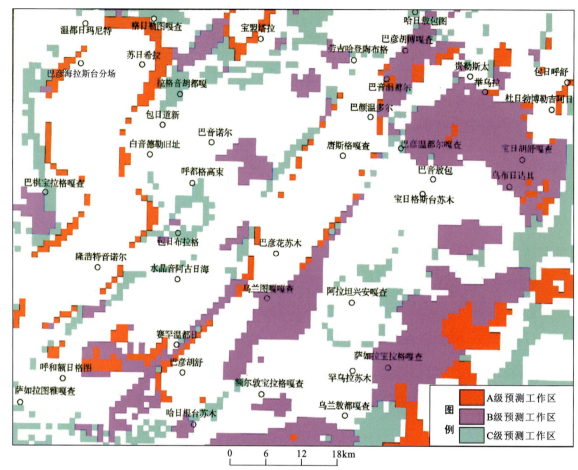

图 4-11　哈登胡硕预测工作区预测单元图

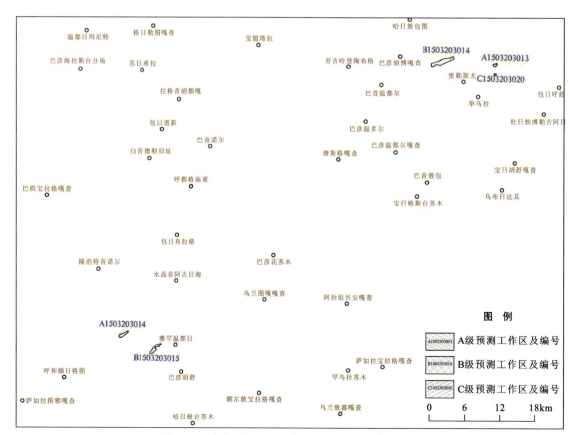

图 4-12　哈登胡硕预测工作区最小预测区圈定结果

表 4-5 赫格敖拉式侵入岩体型铬铁矿二连浩特北部预测工作区预测成果表

序号	最小预测区编号	最小预测区名称
1	A1503203001	阿尔登格勒庙
2	A1503203002	阿尔登格勒庙南
3	A1503203003	沙达噶庙
4	B1503203001	敦德苏古吉音棚东
5	B1503203002	萨达格乌拉
6	B1503203003	沙达噶庙东
7	C1503203001	阿曼乌苏东
8	C1503203002	阿曼乌苏
9	C1503203003	巴彦霍布尔
10	C1503203004	阿拉坦格尔
11	C1503203005	巴日钦音哈达东
12	C1503203006	阿拉坦格尔东
13	C1503203007	巴润图古日格音乌哈呼舒乃萨日布其南
14	C1503203008	巴润图古日格音乌哈呼舒乃萨日布其西南

2. 赫格敖拉式侵入岩体型铬铁矿浩雅尔洪格尔预测工作区

本次工作共圈定各级异常区 30 个,其中 A 级 9 个(含已知矿床),总面积 164.31km²;B 级 10 个,总面积 266.62km²;C 级 11 个,总面积 278.04km²。各级别面积分布合理,且已知矿床绝大多数分布在 A 级预测区内,说明预测区优选分级原则较为合理(表 4-6)。

表 4-6 赫格敖拉式侵入岩体型铬铁矿浩雅尔洪格尔预测工作区预测成果表

序号	最小预测区编号	最小预测区名称
1	A1503203004	赫格敖拉
2	A1503203005	乌斯尼黑
3	A1503203006	哈日阿图嘎查东
4	A1503203007	贺白区
5	A1503203008	赫白区 733
6	A1503203009	贺根山南

续表 4-6

序号	最小预测区编号	最小预测区名称
7	A1503203010	巴彦图门嘎查西南
8	A1503203011	洪格尔嘎查东
9	A1503203012	沃勒哈图
10	B1503203004	赫白区733东
11	B1503203005	哈昭乌苏乌日特西南
12	B1503203006	呼钦阿尔班格勒北
13	B1503203007	哈日阿图嘎查东南
14	B1503203008	沃勒哈图北
15	B1503203009	松根乌拉苏木东北
16	B1503203010	沃勒哈图西北
17	B1503203011	机井西
18	B1503203012	松根嘎查西北
19	B1503203013	朝克乌拉西
20	C1503203009	乌斯尼黑北
21	C1503203010	乌斯尼黑南
22	C1503203011	查汗果池洛东
23	C1503203012	朝根山
24	C1503203013	阿尔善宝拉格苏木西南
25	C1503203014	乌斯尼黑西北
26	C1503203015	巴彦洪格尔嘎查
27	C1503203016	松根乌拉苏木西北
28	C1503203017	都贵音塔拉
29	C1503203018	松根乌拉苏木东北
30	C1503203019	洪格尔嘎查

3. 赫格敖拉式侵入岩体型铬铁矿哈登胡硕预测工作区

本次工作共圈定各级异常区5个,其中A级2个(含已知矿床),总面积0.99km²;B级2个,总面积3.60km²;C级1个,总面积0.11km²。各级别面积分布合理,且已知矿床均分布在A级预测区内,说明预测区优选分级原则较为合理(表4-7)。

表 4-7 赫格敖拉式侵入岩体型铬铁矿哈登胡硕预测工作区预测成果表

序号	最小预测区编号	最小预测区名称
1	A1503203013	贵勒斯太东北 6.3km
2	A1503203014	赛罕温都日西 9.7km
3	B1503203014	巴彦胡博嘎查东 7.5km
4	B1503203015	赛罕温都日西 4km
5	C1503203020	贵勒斯太东偏北 5.6km

(四)最小预测区地质评价

1. 赫格敖拉式侵入岩体型铬铁矿二连浩特北部预测工作区

本次所圈定的 14 个最小预测区,在含矿侵入岩的基础上,其面积全部小于 $50km^2$,A 级区全部分布于已知矿床外围或化探铜铅锌三级浓度分带区,且有已知矿点,存在或可能发现铬铁矿产地的可能性高,具有一定的可信度(表 4-8)。

表 4-8 赫格敖拉式侵入岩体型铬铁矿二连浩特北部最小预测区综合信息特征一览表

最小预测区编号	最小预测区名称	综合信息特征
A1503203001	阿尔登格勒庙	该最小预测区为矿点缓冲区圈定,出露的地层为石炭系本巴图组安山岩、砂岩。阿尔登格勒庙铬铁矿位于该区,该区处于重力推断隐伏超基性岩体之上,区内航磁化极为正磁异常,异常值 200～250nT;剩余重力异常为重力梯级带,异常值 $(5～6)×10^{-5}m/s^2$;Cr 异常三级浓度分带明显,Cr 元素化探异常值 $(143～1\,032)×10^{-6}$
A1503203002	阿尔登格勒庙南	该最小预测区出露的地层为泥盆纪地幔橄榄岩。区内无矿点,该区处于重力推断隐伏超基性岩体之上,区内航磁化极为正磁异常,异常值 200～300nT;剩余重力异常为重力梯级带,异常值 $(5～6)×10^{-5}m/s^2$;Cr 异常三级浓度分带明显,Cr 元素化探异常值 $(62～1\,032)×10^{-6}$
A1503203003	沙达噶庙	该最小预测区出露的地层为泥盆纪地幔橄榄岩。沙达噶庙铬铁矿位于该区,区内航磁化极为正磁异常,异常值 300～400nT;剩余重力异常为重力梯级带,异常值 $(8～9)×10^{-5}m/s^2$;Cr 异常三级浓度分带明显,Cr 元素化探异常值 $(62～1\,032)×10^{-6}$
B1503203001	敦德苏古吉音棚东	该最小预测区出露的地层为泥盆纪地幔橄榄岩及石炭系本巴图组安山岩、砂岩。区内无矿点,该区处于重力推断隐伏超基性岩体之上,区内航磁化极为正磁异常,异常值 400～600nT;剩余重力异常为重力梯级带,异常值 $(5～6)×10^{-5}m/s^2$;Cr 异常三级浓度分带明显,Cr 元素化探异常值 $(143～1\,032)×10^{-6}$
B1503203002	萨达格乌拉	该最小预测区出露的地层为泥盆纪地幔橄榄岩及古近系始新统伊尔丁曼哈组粉砂岩、泥岩。区内无矿点,该区处于重力推断隐伏超基性岩体之上,区内航磁化极为正磁异常,异常值 300～500nT;剩余重力异常为重力梯级带,异常值 $(8～15)×10^{-5}m/s^2$;Cr 元素化探异常值 $(62～102)×10^{-6}$

续表 4-8

最小预测区编号	最小预测区名称	综合信息特征
B1503203003	沙达噶庙东	该最小预测区出露的地层为泥盆纪地幔橄榄岩及古近系始新统伊尔丁曼哈组粉砂岩、泥岩。区内无矿点，区内航磁化极为正磁异常，异常值 400～450nT；剩余重力异常为重力梯级带，异常值 $(8～9)×10^{-5}\,\mathrm{m/s^2}$；Cr 异常三级浓度分带明显，Cr 元素化探异常值 $(143～1\,032)×10^{-6}$
C1503203001	阿曼乌苏东	该最小预测区出露的地层为泥盆纪地幔橄榄岩。区内无矿点，该区处于重力推断隐伏超基性岩体之上，区内航磁化极为正磁异常，异常值 300～400nT；剩余重力异常为重力梯级带，异常值 $(7～9)×10^{-5}\,\mathrm{m/s^2}$；Cr 异常三级浓度分带明显，Cr 元素化探异常值 $(62～1\,032)×10^{-6}$
C1503203002	阿曼乌苏	该最小预测区出露的地层为泥盆纪地幔橄榄岩。区内无矿点，该区处于重力推断隐伏超基性岩体之上，区内航磁化极为正磁异常，异常值 300～400nT；剩余重力异常为重力梯级带，异常值 $(7～9)×10^{-5}\,\mathrm{m/s^2}$
C1503203003	巴彦霍布尔	该最小预测区出露的地层为泥盆纪地幔橄榄岩及石炭系哈拉图庙组火山碎屑岩。区内无矿点，该区处于重力推断隐伏超基性岩体之上，区内航磁化极为正磁异常，异常值 400～800nT；剩余重力异常为重力梯级带，异常值 $(8～15)×10^{-5}\,\mathrm{m/s^2}$；Cr 异常三级浓度分带明显，Cr 元素化探异常值 $(62～102)×10^{-6}$
C1503203004	阿拉坦格尔	该最小预测区出露的地层为泥盆纪地幔橄榄岩。区内无矿点，该区处于重力推断隐伏超基性岩体之上，区内航磁化极为正磁异常，异常值 200～300nT；剩余重力异常为重力梯级带，异常值 $(4～5)×10^{-5}\,\mathrm{m/s^2}$；Cr 异常三级浓度分带明显，Cr 元素化探异常值 $(143～1\,032)×10^{-6}$
C1503203005	巴日钦音哈达东	该最小预测区出露的地层为泥盆纪地幔橄榄岩。区内无矿点，该区处于重力推断隐伏超基性岩体之上，区内航磁化极为正磁异常，异常值 250～300nT；剩余重力异常为重力梯级带，异常值 $(6～8)×10^{-5}\,\mathrm{m/s^2}$；Cr 异常三级浓度分带明显，Cr 元素化探异常值 $(62～102)×10^{-6}$
C1503203006	阿拉坦格尔东	该最小预测区出露的地层为始新统伊尔丁曼哈组。区内无矿点，该区处于重力推断隐伏超基性岩体之上，区内航磁化极为正磁异常，异常值 350～800nT；剩余重力异常为重力梯级带，异常值 $(7～9)×10^{-5}\,\mathrm{m/s^2}$；Cr 异常三级浓度分带明显，Cr 元素化探异常值 $(62～1\,032.9)×10^{-6}$
C1503203007	巴润图古日格音乌哈呼舒乃萨日布其南	该最小预测区出露的地层为始新统伊尔丁曼哈组。区内无矿点，该区处于重力推断隐伏超基性岩体之上，区内航磁化极为正磁异常，异常值 250～500nT；剩余重力异常为重力梯级带，异常值 $(5～10)×10^{-5}\,\mathrm{m/s^2}$；Cr 异常三级浓度分带明显，Cr 元素化探异常值 $(62～143)×10^{-6}$
C1503203008	巴润图古日格音乌哈呼舒乃萨日布其西南	该最小预测区出露的地层为始新统伊尔丁曼哈组。区内无矿点，该区处于重力推断隐伏超基性岩体之上，区内航磁化极为正磁异常，异常值 250～350nT；剩余重力异常为重力梯级带，异常值 $(4～8)×10^{-5}\,\mathrm{m/s^2}$；Cr 异常三级浓度分带明显，Cr 元素化探异常值 $(62～1\,032.9)×10^{-6}$

2. 赫格敖拉式侵入岩体型铬铁矿浩雅尔洪格尔预测工作区

各最小预测区的地质特征、成矿特征见表 4-9。

本次所圈定的 30 个最小预测区,在含矿建造的基础上,其面积全部小于 $50km^2$,A 级区绝大多数分布于已知矿床外围或化探铜铅锌三级浓度分带区,且有已知矿点,存在或可能发现铬铁矿产地的可能性高,具有一定的可信度。

表 4-9 赫格敖拉式侵入岩体型铬铁矿浩雅尔洪格尔最小预测区综合信息特征一览表

最小预测区编号	最小预测区名称	综合信息特征
A1503203004	赫格敖拉	该最小预测区出露的侵入岩为泥盆纪斜方辉石橄榄岩。赫格敖拉铬铁矿位于该区,同时有铬铁矿小型矿床 1 个,矿点 4 个。区内航磁化极为正磁异常,异常值 600～1 400nT;剩余重力异常为重力梯级带,异常值 $(2～4)×10^{-5}m/s^2$;Cr 异常三级浓度分带明显,Cr 元素化探异常值 $(143～10\ 670)×10^{-6}$
A1503203005	乌斯尼黑	该最小预测区出露的地层为泥盆纪斜方辉石橄榄岩及第四纪砂砾石。乌斯尼黑铬铁矿点位于该区。区内航磁化极为正磁异常,异常值 500～800nT;剩余重力异常为重力梯级带,异常值 $(5～8)×10^{-5}m/s^2$
A1503203006	哈日阿图嘎查东	该最小预测区出露的侵入岩为泥盆纪蛇纹岩。区内无矿点。区内航磁化极为正磁异常,异常值 0～600nT;剩余重力异常为重力梯级带,异常值 $(6～15)×10^{-5}m/s^2$;Cr 异常三级浓度分带明显,Cr 元素化探异常值 $(143～168)×10^{-6}$
A1503203007	贺白区	该最小预测区出露的地层为泥盆纪斜方辉石橄榄岩及第四系覆盖物。贺白区铬铁矿位于该区。区内航磁化极为正磁异常,异常值 50～200nT;剩余重力异常为重力梯级带,异常值 $(5～8)×10^{-5}m/s^2$;Cr 异常三级浓度分带明显,Cr 元素化探异常值 $(143～2\ 040)×10^{-6}$
A1503203008	赫白区 733	该最小预测区出露的地层为泥盆纪斜方辉石橄榄岩及第四系覆盖物。贺白区 733 矿区铬铁矿位于该区。区内航磁化极为低缓负磁异常,异常值 $-200～-50$nT;剩余重力异常为重力梯级带,异常值 $(7～8)×10^{-5}m/s^2$;Cr 异常三级浓度分带明显,Cr 元素化探异常值 $(143～2\ 040)×10^{-6}$
A1503203009	贺根山南	该最小预测区出露的地层为第四系覆盖物。该区由贺根山南矿点缓冲区圈定,位于重力推断的隐伏超基性岩体之上。区内航磁化极为正磁异常,异常值 1 000～1 400nT;剩余重力异常为重力梯级带,异常值 $(3～6)×10^{-5}m/s^2$;Cr 异常三级浓度分带明显,Cr 元素化探异常值 $(143～10\ 670)×10^{-6}$
A1503203010	巴彦图门嘎查西南	该最小预测区出露的侵入岩为泥盆纪纯橄榄岩、二辉橄榄岩、蛇纹石化橄榄岩。区内无矿点。区内航磁化极为正磁异常,异常值 150～600nT;剩余重力异常为重力梯级带,异常值 $(4～7)×10^{-5}m/s^2$;Cr 异常三级浓度分带明显,Cr 元素化探异常值 $(143～168)×10^{-6}$
A1503203011	洪格尔嘎查东	该最小预测区出露的侵入岩为泥盆纪斜方辉石橄榄岩、单斜辉石橄榄岩。区内无矿点。区内航磁化极为正磁异常,异常值 150～600nT;剩余重力异常为重力梯级带,异常值 $(4～15)×10^{-5}m/s^2$;Cr 异常三级浓度分带明显,Cr 元素化探异常值 $(143～168)×10^{-6}$
A1503203012	沃勒哈图	该最小预测区出露的侵入岩为泥盆纪斜方辉石橄榄岩、单斜辉石橄榄岩。区内无矿点。区内航磁化极为正磁异常,异常值 200～600nT;剩余重力异常为重力梯级带,异常值 $(9～15)×10^{-5}m/s^2$;Cr 异常三级浓度分带明显,Cr 元素化探异常值 $(143～168)×10^{-6}$

续表 4-9

最小预测区编号	最小预测区名称	综合信息特征
B1503203004	赫白区 733 东	该最小预测区出露的侵入岩为泥盆纪纯橄榄岩、二辉橄榄岩、蛇纹石化橄榄岩。区内无矿点。区内航磁化极为低缓负磁异常,异常值 $-100\sim0$nT;剩余重力异常为重力梯级带,异常值 $(9\sim10)\times10^{-5}$m/s^2;Cr 异常三级浓度分带明显,Cr 元素化探异常值 $(143\sim2040)\times10^{-6}$
B1503203005	哈昭乌苏乌日特西南	该最小预测区出露的侵入岩为泥盆纪纯橄榄岩、二辉橄榄岩、蛇纹石化橄榄岩、单斜辉石橄榄岩、斜方辉石橄榄岩。区内无矿点。区内航磁化极为异常值 $-100\sim100$nT;剩余重力异常为正高异常,异常值 $(15\sim22)\times10^{-5}$m/s^2;Cr 异常三级浓度分带明显,Cr 元素化探异常值 $(143\sim10670)\times10^{-6}$
B1503203006	呼钦阿尔班格勒北	该最小预测区出露的侵入岩为泥盆纪纯橄榄岩、二辉橄榄岩、蛇纹石化橄榄岩、单斜辉石橄榄岩、斜方辉石橄榄岩、蛇纹岩。区内无矿点。区内航磁化极异常值为 $-150\sim350$nT;剩余重力异常为重力梯级带,异常值 $(15\sim22)\times10^{-5}$m/s^2;Cr 异常三级浓度分带明显,Cr 元素化探异常值 $(143\sim10670)\times10^{-6}$
B1503203007	哈日阿图嘎查东南	该最小预测区出露的侵入岩为泥盆纪斜方辉石橄榄岩、蛇纹岩。区内无矿点。区内航磁化极为正磁异常,异常值 $150\sim1000$nT;剩余重力异常为重力梯级带,异常值 $(0\sim8)\times10^{-5}$m/s^2;Cr 异常三级浓度分带明显,Cr 元素化探异常值 $(143\sim168)\times10^{-6}$
B1503203008	沃勒哈图北	该最小预测区出露的侵入岩为泥盆纪斜方辉石橄榄岩。区内无矿点。区内航磁化极异常值为 $-200\sim150$nT;剩余重力异常为重力梯级带,异常值 $(9\sim15)\times10^{-5}$m/s^2;Cr 异常三级浓度分带明显,Cr 元素化探异常值 $(62\sim168)\times10^{-6}$
B1503203009	松根乌拉苏木东北	该最小预测区出露的侵入岩为泥盆纪斜方辉石橄榄岩。区内无矿点。区内航磁化极异常值为 $-600\sim150$nT;剩余重力异常为重力梯级带,异常值 $(0\sim4)\times10^{-5}$m/s^2;Cr 异常三级浓度分带明显,Cr 元素化探异常值 $(143\sim168)\times10^{-6}$
B1503203010	沃勒哈图西北	该最小预测区出露的侵入岩为泥盆纪斜方辉石橄榄岩。区内无矿点。区内航磁化极为负磁异常,异常值 $-500\sim0$nT;剩余重力异常为重力梯级带,异常值 $(4\sim9)\times10^{-5}$m/s^2;Cr 异常三级浓度分带明显,Cr 元素化探异常值 $(143\sim168)\times10^{-6}$
B1503203011	机井西	该最小预测区出露的侵入岩为泥盆纪斜方辉石橄榄岩、单斜辉石橄榄岩。区内无矿点。区内航磁化极为正磁异常,异常值 $600\sim1000$nT;剩余重力异常为重力梯级带,异常值 $(10\sim15)\times10^{-5}$m/s^2;Cr 异常三级浓度分带明显,Cr 元素化探异常值 $(62\sim168)\times10^{-6}$
B1503203012	松根嘎查西北	该最小预测区出露的侵入岩为泥盆纪纯橄榄岩、二辉橄榄岩、蛇纹石化橄榄岩、斜方辉石橄榄岩。区内无矿点。区内航磁化极为正磁异常,异常值 $150\sim600$nT;剩余重力异常为重力梯级带,异常值 $(9\sim15)\times10^{-5}$m/s^2;Cr 异常三级浓度分带明显,Cr 元素化探异常值 $(62\sim10670)\times10^{-6}$
B1503203013	朝克乌拉西	该最小预测区出露的侵入岩为泥盆纪纯橄榄岩、二辉橄榄岩、蛇纹石化橄榄岩、单斜辉石橄榄岩、斜方辉石橄榄岩。区内无矿点。区内航磁化极为正磁异常,异常值 $200\sim1800$nT;剩余重力异常为重力梯级带,异常值 $(10\sim20)\times10^{-5}$m/s^2;Cr 异常三级浓度分带明显,Cr 元素化探异常值 $(143\sim10670)\times10^{-6}$

续表 4-9

最小预测区编号	最小预测区名称	综合信息特征
C1503203009	乌斯尼黑北	该最小预测区出露的侵入岩为泥盆纪斜方辉石橄榄岩。区内无矿点。区内航磁化极为正磁异常,异常值 0~600nT;剩余重力异常为重力梯级带,异常值$(-1\sim3)\times10^{-5}m/s^2$
C1503203010	乌斯尼黑南	该最小预测区出露的侵入岩为泥盆纪斜方辉石橄榄岩。区内无矿点。区内航磁化极为正磁异常,异常值 250~1 400nT;剩余重力异常为重力梯级带,异常值$(2\sim9)\times10^{-5}m/s^2$
C1503203011	查汗果池洛东	该最小预测区出露的侵入岩为泥盆纪蛇纹岩。区内无矿点。区内航磁化极异常值为 -50~0nT;剩余重力异常为正高异常,异常值$(15\sim20)\times10^{-5}m/s^2$。Cr 元素化探异常值$(143\sim10\ 670)\times10^{-6}$
C1503203012	朝根山	该最小预测区出露的地层为第四系堆积物。朝根山铬铁矿点位于该区。区内航磁化极为负磁异常,异常值 -100~-50nT;剩余重力异常为重力梯级带,异常值$(-5\sim-3)\times10^{-5}m/s^2$
C1503203013	阿尔善宝拉格苏木西南	该最小预测区出露的地层为第四纪堆积物。区内无矿点。该区位于重力推断隐伏超基性岩体之上,区内航磁化极为正磁异常,异常值 150~600nT;剩余重力异常为重力梯级带,异常值$(5\sim10)\times10^{-5}m/s^2$
C1503203014	乌斯尼黑西北	该最小预测区出露的侵入岩为泥盆纪斜方辉石橄榄岩。区内无矿点。区内航磁化极为正磁异常,异常值 50~200nT;剩余重力异常为重力梯级带,异常值$(1\sim3)\times10^{-5}m/s^2$
C1503203015	巴彦洪格尔嘎查	该最小预测区出露的地层为第四纪堆积物。区内无矿点。该区位于重力推断隐伏超基性岩体之上,区内航磁化极为负磁异常,异常值 -150~-50nT;剩余重力异常为重力梯级带,异常值$(0\sim15)\times10^{-5}m/s^2$。Cr 元素化探异常值$(10\sim24)\times10^{-6}$
C1503203016	松根乌拉苏木西北	该最小预测区出露的地层为第四纪堆积物。区内无矿点。该区位于重力推断隐伏超基性岩体之上,区内航磁化极为正磁异常,异常值 0~1 400nT;剩余重力异常为重力梯级带,异常值$(-1\sim5)\times10^{-5}m/s^2$。Cr 元素化探异常值$(7\sim24)\times10^{-6}$
C1503203017	都贵音塔拉	该最小预测区出露的地层为第四纪堆积物。区内无矿点。该区位于重力推断隐伏超基性岩体之上,区内航磁化极异常值为 -150~200nT;剩余重力异常为重力梯级带,异常值$(1\sim15)\times10^{-5}m/s^2$。Cr 元素化探异常值$(8.7\sim49)\times10^{-6}$
C1503203018	松根乌拉苏木东北	该最小预测区出露的侵入岩为泥盆纪斜方辉石橄榄岩,沉积地层为第四系覆盖物。区内无矿点。区内航磁化极异常值为 -500~100nT;剩余重力异常为重力梯级带,异常值$(-2\sim3)\times10^{-5}m/s^2$。Cr 元素化探异常值$(10\sim143)\times10^{-6}$
C1503203019	洪格尔嘎查	该最小预测区出露的侵入岩为泥盆纪斜方辉石橄榄岩,沉积地层为第四系覆盖物。区内无矿点。区内航磁化极异常值为 -300~150nT;剩余重力异常为重力梯级带,异常值$(2\sim4)\times10^{-5}m/s^2$。Cr 元素化探异常值$(168\sim10\ 670)\times10^{-6}$

3. 赫格敖拉式侵入岩体型铬铁矿哈登胡硕预测工作区

本次所圈定的 5 个最小预测区,在含矿侵入岩的基础上,其面积 100% 小于 50km², A 级区全部分布于已知矿床外围或化探三级浓度分带区,存在或可能发现铬铁矿产地的可能性高,具有一定的可信度。见表 4-10。

表 4-10　赫格敖拉式侵入岩体型铬铁矿哈登胡硕最小预测区综合信息特征一览表

最小预测区编号	最小预测区名称	综合信息特征
A1503203013	贵勒斯太东北 6.3km	该最小预测区内有 1 个已知铬铁矿点(窝棚特),出露的地质体岩性主要为灰绿色中粗粒辉石橄榄岩,少量第四系覆盖。区内航磁化极为正磁异常,异常值 250~625nT;剩余重力异常为重力梯级带,异常值 $(8\sim10)\times10^{-5}\mathrm{m/s^2}$;位于 Cr 异常的浓集中心附近,Cr 元素化探异常值 $(80\sim926)\times10^{-6}$
A1503203014	赛罕温都日西 9.7km	该最小预测区内有 1 个已知铬铁矿点(梅劳特乌拉),出露的地质体岩性主要为灰绿色中粗粒辉石橄榄岩,少量第四系覆盖。区内航磁化极为正磁异常,异常值 75~2 500nT;剩余重力异常为重力正异常中心附近,相对平缓,异常等值线范围 $(15\sim20)\times10^{-5}\mathrm{m/s^2}$;位于 Cr 异常的浓集中心,Cr 元素化探异常值 $(213\sim598.50)\times10^{-6}$
B1503203014	巴彦胡博嘎查东 7.5km	该最小预测区内没有已知矿点,出露的地质体岩性以斜方辉石橄榄岩为主,纯橄榄岩次之,少量上侏罗统满克头鄂博组火山沉积岩-酸性火山岩建造,中部约 1/3 面积为第四系覆盖。区内航磁化极位于急剧变化的梯度带上,异常值 $-500\sim1\,250$nT;剩余重力异常为弱正异常过渡区,相对平缓,异常等值线范围 $(1\sim5)\times10^{-5}\mathrm{m/s^2}$;位于 Cr 异常的浓集中心,Cr 元素化探异常值 $(80\sim451.80)\times10^{-6}$
B1503203015	赛罕温都日西 4km	该最小预测区内没有已知矿点,出露的地质体岩性主要为灰绿色中细粒辉长岩,少量第四系覆盖。区内航磁化极为梯度带,异常值 $-75\sim12$nT;剩余重力异常为重力正异常中心边缘,梯度带附近,异常等值线范围 $(10\sim18)\times10^{-5}\mathrm{m/s^2}$;位于 Cr 异常的浓集中心附近,Cr 元素化探异常值 $(121\sim213)\times10^{-6}$
C1503203020	贵勒斯太东偏北 5.6km	该最小预测区内没有已知矿点,出露的地质体岩性主要为灰绿色中粗粒辉石橄榄岩,少量第四系覆盖。区内航磁化极为梯度带上,异常值 $-25\sim625$nT;剩余重力异常为重力正异常中心附近,相对平缓,异常等值线范围 $(8\sim10)\times10^{-5}\mathrm{m/s^2}$;位于 Cr 异常的浓集中心边缘,Cr 元素化探异常值 $(121\sim926)\times10^{-6}$

二、综合信息地质体积法估算资源量

(一)典型矿床深部及外围资源量估算

赫格敖拉典型矿床储量来源于内蒙古自治区国土资源厅 2010 年编写的《内蒙古自治区矿产资源储量表:黑色金属矿产分册》。典型矿床面积根据内蒙古自治区锡林浩特市华东铬铁矿 2008 年 6 月提交的《内蒙古自治区锡林浩特市赫格敖拉矿区 3756 铬铁矿资源储量核实报告》。已查明铬矿石量在内蒙古自治区锡林浩特市华东铬铁矿 2008 年 6 月提交《内蒙古自治区锡林浩特市赫格敖拉矿区 3756 铬铁矿资源储量核实报告》中为 120.47×10⁴t，在内蒙古自治区国土资源厅 2010 年 5 月编写的《截至 2009 年底内蒙古自治区矿产资源储量表 第二册黑色金属矿产》中为 145.4×10⁴t，本书所用矿床查明资源矿石量为后者。

矿床面积($S_{总}$)在 1∶5 000 矿区地形地质图上，根据各钻孔控制的隐伏矿体的包络面面积圈定（图 4-13），在 MapGIS 软件下读取数据。图 4-14 为铬铁矿床 XIII 号勘探线剖面。钻孔控制矿床最大延深依据 CK1675 资料确定为 378m，具体数据见表 4-11。

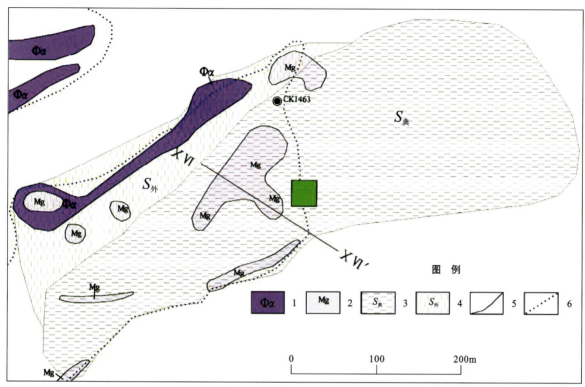

图 4-13　赫格敖拉 3756 矿区 1∶5 000 矿区图上矿体聚集区

1.纯橄榄岩；2.菱镁岩；3.矿体聚集区段边界范围；4.典型矿床外围预测范围；
5.实测地质界线；6.覆盖层下橄榄岩体分布范围

表 4-11　赫格敖拉式侵入岩体型铬铁矿典型矿床深部及外围资源量估算一览表

典型矿床		深部及外围		
已查明资源量(×10⁴t)	145.400	深部	面积(m²)	110 862.00
面积(m²)	110 862.00		深度(m)	50.00
延深(m)	387.00	外围	面积(m²)	515 594.60
品位(%)	22.94		深度(m)	437.00
体重(t/m³)	3.13		预测资源量(×10⁴t)	70.345
体积含矿率(kg/m³)	0.033 89		典型矿床资源总量(×10⁴t)	215.745

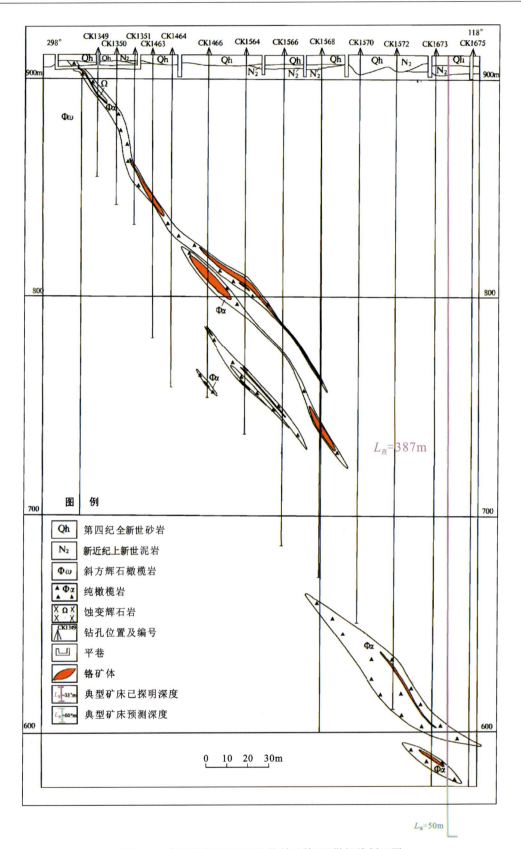

图 4-14 赫格敖拉矿区 3756 铬铁矿第 XVI 勘探线剖面图

(二) 模型区的确定、资源量及估算参数

模型区为典型矿床所在的最小预测区。赫格敖拉典型矿床查明资源量 $145.4×10^4$ t, 按本次预测技术要求计算模型区资源总量为 $222.345×10^4$ t。模型区内有 11 个已知矿点存在, 则模型区总资源量＝典型矿床总资源量, 模型区面积为依托 MRAS 软件采用有模型工程神经网络法优选后圈定, 延深根据典型矿床最大预测深度确定。模型区圈定时参照了含矿建造地质体, 因此含矿地质体面积参数为 1。由此计算含矿地质体含矿系数 (表 4-12)。

表 4-12　赫格敖拉式侵入岩体型铬铁矿赫格敖拉预测工作区模型区含矿系数表

模型区编号	模型区名称	模型区总资源量（$×10^4$ t）	模型区面积（m^2）	延深（m）	含矿地质体面积（m^2）	含矿地质体面积参数	含矿地质体含矿系数（t/m^3）
A1503203004	赫格敖拉	222.345	33 276 563	437	14 541 856 720	1	0.000 152 9

(三) 最小预测区预测资源量

赫格敖拉式侵入岩体型铬铁矿预测工作区最小预测区资源量定量估算采用地质体积法。

1. 估算参数的确定

最小预测区面积是依据综合地质信息定位优选的结果；延深的确定是在研究最小预测区含矿地质体地质特征、含矿地质体的形成深度、断裂特征、矿化类型并对比典型矿床特征的基础上综合确定的；相似系数的确定, 主要依据 MRAS 生成的成矿概率及与模型区的比值, 参照最小预测区地质体出露情况、物探及化探异常规模信息等进行修正。

2. 最小预测区预测资源量估算结果

本次预测是在数学地质方法的基础上提出了含矿地质体体积参数估算法, 是定量预测的基础方法。由此来求得最小预测区资源量。

赫格敖拉式侵入岩体型铬铁矿二连浩特北部预测工作区预测资源总量为 $39.336×10^4$ t, 该区已探明资源量为零 (表 4-13)。

表 4-13　赫格敖拉式侵入岩体型铬铁矿二连浩特北部预测工作区最小预测区估算成果表

最小预测区编号	最小预测区名称	$S_{预}$（km^2）	$H_{预}$（m）	K_s	K（t/m^3）	α	预测资源量（$×10^4$ t）	已探明资源量（$×10^4$ t）	$Z_{预}$（$×10^4$ t）	资源量级别
A1503203001	阿尔登格勒庙	2.27	300	0.80	0.000 152 9	0.8	8.321	0	8.321	334-2
A1503203002	阿尔登格勒庙南	0.82	350	0.90	0.000 152 9	0.75	3.529	0	3.529	334-3
A1503203003	沙达噶庙	0.90	350	0.90	0.000 152 9	0.8	2.418	0	2.418	334-2
B1503203001	敦德苏古吉音棚东	4.20	400	0.80	0.000 152 9	0.5	11.548	0	11.548	334-3
B1503203002	萨达格乌拉	4.20	400	0.75	0.000 152 9	0.5	11.546	0	11.546	334-3
B1503203003	沙达噶庙东	0.17	250	0.80	0.000 152 9	0.4	0.234	0	0.234	334-3

续表 4-13

最小预测区编号	最小预测区名称	$S_{预}$ (km²)	$H_{预}$ (m)	K_s	K (t/m³)	α	预测资源量 (×10⁴ t)	已探明资源量 (×10⁴ t)	$Z_{预}$ (×10⁴ t)	资源量级别
C1503203001	阿曼乌苏东	0.16	250	0.75	0.000 152 9	0.3	0.143	0	0.143	334-3
C1503203002	阿曼乌苏	0.07	200	0.70	0.000 152 9	0.3	0.052	0	0.052	334-3
C1503203003	巴彦霍布尔	0.98	300	0.50	0.000 152 9	0.2	0.723	0	0.723	334-3
C1503203004	阿拉坦格尔	0.13	200	0.60	0.000 152 9	0.2	0.062	0	0.062	334-3
C1503203005	巴日钦音哈达东	0.14	250	0.60	0.000 152 9	0.2	0.087	0	0.087	334-3
C1503203006	阿拉坦格尔东	1.77	200	0.50	0.000 152 9	0.1	0.325	0	0.325	334-3
C1503203007	巴润图古日格音乌哈呼舒乃萨日布其南	1.18	200	0.50	0.000 152 9	0.1	0.217	0	0.217	334-3
C1503203008	巴润图古日格音乌哈呼舒乃萨日布其西南	0.72	200	0.50	0.000 152 9	0.1	0.132	0	0.132	334-3

赫格敖拉式侵入岩体型铬铁矿浩雅尔洪格尔预测工作区预测资源总量为 523.568×10⁴ t，不包含区内已探明资源量 152.3×10⁴ t（表 4-14）。

表 4-14 赫格敖拉式侵入岩体型铬铁矿浩雅尔洪格尔预测工作区最小预测区估算成果表

最小预测区编号	最小预测区名称	$S_{预}$ (km²)	$H_{预}$ (m)	K_s	K (t/m³)	α	预测资源量 (×10⁴ t)	已探明资源量 (×10⁴ t)	$Z_{预}$ (×10⁴ t)	资源量级别
A1503203004	赫格敖拉	33.28	437	1.00	0.000 152 9	1.00	222.345	1 520	70.345	334-1
A1503203005	乌斯尼黑	4.45	300	0.70	0.000 152 9	0.55	7.851	0	7.851	334-2
A1503203006	哈日阿图嘎查东	5.63	300	0.70	0.000 152 9	0.55	9.951	0	9.951	334-2
A1503203007	贺白区	4.92	300	0.70	0.000 152 9	0.45	7.105	0	7.105	334-2
A1503203008	赫白区 733	8.40	320	0.70	0.000 152 9	0.50	14.392	3	14.092	334-1
A1503203009	贺根山南	0.77	250	0.70	0.000 152 9	0.45	0.930		0.93	334-2
A1503203010	巴彦图门嘎查西南	20.74	320	0.65	0.000 152 9	0.40	26.388	0	26.388	334-2
A1503203011	洪格尔嘎查东	41.32	380	0.60	0.000 152 9	0.40	57.618	0	57.618	334-2
A1503203012	沃勒哈图	44.80	380	0.60	0.000 152 9	0.40	62.471	0	62.471	334-2
B1503203004	赫白区 733 东	1.76	200	0.55	0.000 152 9	0.30	0.889	0	0.889	334-2
B1503203005	哈昭乌苏乌日特西南	20.28	300	0.55	0.000 152 9	0.30	15.348	0	15.348	334-2
B1503203006	呼钦阿尔班格勒北	22.41	300	0.60	0.000 152 9	0.30	18.507	0	18.507	334-2

续表 4-14

最小预测区编号	最小预测区名称	$S_{预}$ (km²)	$H_{预}$ (m)	K_s	K (t/m³)	α	预测资源量 (×10⁴t)	已探明资源量(×10⁴t)	$Z_{预}$ (×10⁴t)	资源量级别
B1503203007	哈日阿图嘎查东南	33.63	300	0.55	0.000 152 9	0.30	25.453	0	25.453	334-2
B1503203008	沃勒哈图北	15.82	300	0.55	0.000 152 9	0.30	11.974	0	11.974	334-2
B1503203009	松根乌拉苏木东北	41.00	300	0.50	0.000 152 9	0.30	28.211	0	28.211	334-2
B1503203010	沃勒哈图西北	38.15	300	0.50	0.000 152 9	0.30	26.249	0	26.249	334-2
B1503203011	机井西	39.11	300	0.50	0.000 152 9	0.30	26.909	0	26.909	334-2
B1503203012	松根嘎查西北	10.61	380	0.55	0.000 152 9	0.30	10.176	0	10.176	334-2
B1503203013	朝克乌拉西	43.85	350	0.50	0.000 152 9	0.30	35.201	0	35.201	334-2
C1503203009	乌斯尼黑北	15.26	250	0.55	0.000 152 9	0.20	6.418	0	6.418	334-3
C1503203010	乌斯尼黑南	29.68	280	0.55	0.000 152 9	0.20	13.976	0	13.976	334-3
C1503203011	查汗果池洛东	3.99	220	0.50	0.000 152 9	0.20	1.342	0	1.342	334-3
C1503203012	朝根山	0.77	200	0.60	0.000 152 9	0.20	0.283	0	0.283	334-3
C1503203013	阿尔善宝拉格苏木西南	10.95	250	0.45	0.000 152 9	0.10	1.883	0	1.883	334-3
C1503203014	乌斯尼黑西北	11.90	250	0.40	0.000 152 9	0.10	1.820	0	1.820	334-3
C1503203015	巴彦洪格尔嘎查	35.41	350	0.40	0.000 152 9	0.10	7.580	0	7.580	334-3
C1503203016	松根乌拉苏木西北	42.85	350	0.40	0.000 152 9	0.10	9.172	0	9.172	334-3
C1503203017	都贵音塔拉	43.09	350	0.40	0.000 152 9	0.10	9.223	0	9.223	334-3
C1503203018	松根乌拉苏木东北	35.97	320	0.40	0.000 152 9	0.1	7.040	0	7.040	334-3
C1503203019	洪格尔嘎查	20.12	250	0.40	0.000 152 9	0.1	3.077	0	3.077	334-3

赫格敖拉式侵入岩体型铬铁矿哈登胡硕预测工作区预测资源总量为 16.005×10⁴t,已探明资源量为零(表4-15)。

表 4-15 赫格敖拉式侵入岩体型铬铁矿哈登胡硕预测工作区最小预测区估算成果表

最小预测区编号	最小预测区名称	$S_{预}$ (km²)	$H_{预}$ (m)	K_s	K (t/m³)	α	预测资源量 (×10⁴t)	已探明资源量(×10⁴t)	$Z_{预}$ (×10⁴t)	资源量级别
A1503203013	贵勒斯太东北6.3km	0.28	437	1	0.000 152 9	0.75	1.404	0	1.404	334-2
A1503203014	赛罕温都日西9.7km	0.71	437	1	0.000 152 9	0.75	3.559	0	3.559	334-3
B1503203014	巴彦胡博嘎查东7.5km	2.52	387	1	0.000 152 9	0.65	6.711	0	6.711	334-3
B1503203015	赛罕温都日西4km	1.08	387	1	0.000 152 9	0.55	4.154	0	4.154	334-3
C1503203020	贵勒斯太东偏北5.6km	0.11	350	1	0.000 152 9	0.30	0.177	0	0.177	334-2

(四)预测区资源量可信度估计

1. 预测区资源量可信度估计

用地质体积法针对每个最小预测区评价其可信度,赫格敖拉铬铁矿各预测工作区最小预测区可信度统计结果见表 4-16~表 4-18。

表 4-16 赫格敖拉式侵入岩体型铬铁矿二连浩特北部预测工作区最小预测区预测资源量可信度统计表

最小预测区编号	最小预测区名称	经度	纬度	面积		延深		含矿系数		资源量综合	
				可信度	依据	可信度	依据	可信度	依据	可信度	依据
A1503203001	阿尔登格勒庙	112°40′09″	43°50′53″	0.80	依据MARS所形成的色块区与预测工作区底图重叠区域,并结合含矿岩体、已知矿点及化探异常、剩余重力异常、航磁化极异常范围圈定	0.80	磁法反演、预测区内含矿岩体的推入深度	0.80	模型区计算所得	0.80	专家综合评价
A1503203002	阿尔登格勒庙南	112°39′20″	43°50′12″	0.90		0.80		0.80		0.85	
A1503203003	沙达噶庙	112°22′53″	43°55′33″	0.90		0.85		0.90		0.90	
B1503203001	敦德苏古吉音棚东	112°40′29″	43°51′36″	0.80		0.70		0.75		0.75	
B1503203002	萨达格乌拉	112°20′23″	43°53′47″	0.75		0.70		0.75		0.75	
B1503203003	沙达噶庙东	112°23′34″	43°55′17″	0.80		0.75		0.70		0.75	
C1503203001	阿曼乌苏东	112°38′27″	43°53′57″	0.75		0.65		0.60		0.65	
C1503203002	阿曼乌苏	112°36′55″	43°53′58″	0.70		0.60		0.60		0.65	
C1503203003	巴彦霍布尔	112°12′14″	43°54′31″	0.50		0.55		0.50		0.55	
C1503203004	阿拉坦格尔	112°40′20″	43°49′35″	0.60		0.60		0.60		0.60	
C1503203005	巴日钦音哈达东	112°11′21″	43°51′57″	0.60		0.55		0.60		0.60	
C1503203006	阿拉坦格尔东	112°43′05″	43°50′15″	0.50		0.55		0.50		0.55	
C1503203007	巴润图古日格音乌哈呼舒乃萨日布其南	112°39′58″	43°55′03″	0.50		0.55		0.50		0.55	
C1503203008	巴润图古日格音乌哈呼舒乃萨日布其西南	112°40′28″	43°54′14″	0.50		0.55		0.50		0.55	

表 4-17　赫格敖拉式侵入岩体型铬铁矿浩雅尔洪格尔预测工作区最小预测区预测资源量可信度统计表

最小预测区编号	最小预测区名称	经度	纬度	面积 可信度	面积 依据	延深 可信度	延深 依据	含矿系数 可信度	含矿系数 依据	资源量综合 可信度	资源量综合 依据
A1503203004	赫格敖拉	116°17′35″	44°50′25″	0.95	模型区含矿岩体	0.95	典型矿床钻孔资料	0.95		0.95	
A1503203005	乌斯尼黑	117°09′55″	44°54′48″	0.80		0.85		0.85		0.85	
A1503203006	哈日阿图嘎查东	116°45′09″	45°08′03″	0.80		0.85		0.85		0.85	
A1503203007	贺白区	116°24′44″	44°52′10″	0.80		0.85		0.85		0.85	
A1503203008	赫白区733	116°26′14″	44°50′49″	0.90		0.90		0.90		0.90	
A1503203009	贺根山南	116°15′60″	44°47′30″	0.90		0.80		0.90		0.90	
A1503203010	巴彦图门嘎查西南	116°46′52″	45°05′11″	0.75		0.90		0.85		0.80	
A1503203011	洪格尔嘎查东	116°40′28″	44°56′07″	0.75		0.90		0.85		0.80	
A1503203012	沃勒哈图	116°43′23″	44°57′42″	0.70		0.90		0.85		0.80	
B1503203004	赫白区733东	116°28′22″	44°51′21″	0.70		0.70		0.75		0.70	
B1503203005	哈昭乌苏乌日特西南	116°06′38″	44°37′32″	0.65		0.80		0.80		0.75	
B1503203006	呼钦阿尔班格勒北	116°02′31″	44°35′37″	0.70	依据MARS所形成的色块区与预测工作区底图重叠区域,并结合含矿岩体、已知矿点及化探异常、剩余重力异常、航磁化极异常范围圈定	0.80	磁法反演、预测区内含矿岩体的推测侵入深度	0.80	模型区计算所得	0.75	专家综合评价
B1503203007	哈日阿图嘎查东南	116°42′43″	45°04′18″	0.70		0.80		0.80		0.75	
B1503203008	沃勒哈图北	116°45′28″	45°00′23″	0.60		0.80		0.80		0.70	
B1503203009	松根乌拉苏木东北	116°38′01″	45°01′03″	0.60		0.80		0.80		0.70	
B1503203010	沃勒哈图西北	116°42′57″	45°01′19″	0.60		0.80		0.80		0.70	
B1503203011	机井西	116°47′08″	44°57′59″	0.65		0.80		0.80		0.70	
B1503203012	松根嘎查西北	116°44′15″	44°54′53″	0.60		0.90		0.85		0.75	
B1503203013	朝克乌拉西	116°10′13″	44°37′28″	0.65		0.85		0.80		0.75	
C1503203009	乌斯尼黑北	117°09′42″	44°55′39″	0.65		0.70		0.75		0.70	
C1503203010	乌斯尼黑南	117°10′42″	44°52′01″	0.60		0.70		0.75		0.70	
C1503203011	查汗果池洛东	115°58′42″	44°35′18″	0.70		0.70		0.75		0.70	
C1503203012	朝根山	116°25′50″	44°36′60″	0.55		0.60		0.70		0.60	
C1503203013	阿尔善宝拉格苏木西南	115°37′30″	44°31′08″	0.50		0.70		0.75		0.65	
C1503203014	乌斯尼黑西北	117°08′23″	44°57′33″	0.50		0.70		0.75		0.65	
C1503203015	巴彦洪格尔嘎查	116°58′50″	44°41′32″	0.50		0.85		0.75		0.70	
C1503203016	松根乌拉苏木西北	116°15′43″	44°58′43″	0.50		0.85		0.75		0.70	
C1503203017	都贵音塔拉	116°24′19″	44°06′07″	0.50		0.85		0.75		0.70	
C1503203018	松根乌拉苏木东北	116°36′23″	44°58′34″	0.50		0.80		0.75		0.70	
C1503203019	洪格尔嘎查	116°37′49″	44°56′42″	0.50		0.70		0.75		0.50	

表 4-18 赫格敖拉式侵入岩体型铬铁矿哈登胡硕预测工作区最小预测区预测资源量可信度统计表

最小预测区编号	最小预测区名称	经度	纬度	面积		延深		含矿系数		资源量综合	
				可信度	依据	可信度	依据	可信度	依据	可信度	依据
A1503203013	贵勒斯太东北6.3km	119°05′17″	45°15′23″	0.80	地质、物化探	0.80	地质矿产物化探	0.85	模型区	0.85	典型矿床工程控制程度
A1503203014	赛罕温都日西9.7km	118°14′46″	44°50′19″	0.85		0.75		0.75		0.85	
B1503203014	赛罕温都日西8.8km	118°15′24″	44°50′03″	0.60		0.70		0.70		0.85	
B1503203015	赛罕温都日西4km	118°19′02″	44°48′56″	0.55		0.65		0.65		0.85	
C1503203020	贵勒斯太东偏北5.6km	119°05′12″	45°14′29″	0.65		0.55		0.55		0.85	
C1503203021	呼和额日格图东北7km	118°11′51″	44°47′27″	0.50		0.60		0.50		0.85	

2. 预测区级别划分

依据各预测区内地质矿产、物化探异常等综合特征信息对每个最小预测区进行综合地质评价,并结合资源量估算和预测区优选结果,按优劣分为A、B、C三级,其预测资源量分别为:二连浩特北部预测工作区A级区共14.268×10^4t,B级区共23.328×10^4t,C级区共1.741×10^4t;浩雅尔洪格尔预测工作区A级区共256.751×10^4t,B级区共198.917×10^4t,C级区共61.814×10^4t;哈登胡硕预测工作区A级区共4.963×10^4t,B级区共10.865×10^4t,C级区共0.177×10^4t。见表4-19~表4-21。

表 4-19 二连浩特北部预测工作区最小预测区预测级别分类统计表

最小预测区编号	最小预测区名称	级别	$Z_{预}(\times 10^4 t)$
A1503203001	阿尔登格勒庙	A	8.321
A1503203002	阿尔登格勒庙南	A	3.529
A1503203003	沙达噶庙	A	2.418
A级区预测资源量总计			**14.268**
B1503203001	敦德苏古吉音棚东	B	11.548
B1503203002	萨达格乌拉	B	11.546
B1503203003	沙达噶庙东	B	0.234
B级区预测资源量总计			**23.328**
C1503203001	阿曼乌苏东	C	0.143
C1503203002	阿曼乌苏	C	0.052
C1503203003	巴彦霍布尔	C	0.723
C1503203004	阿拉坦格尔	C	0.062
C1503203005	巴日钦音哈达东	C	0.087

续表 4-19

最小预测区编号	最小预测区名称	级别	$Z_{预}(\times 10^4 t)$
C1503203006	阿拉坦格尔东	C	0.325
C1503203007	巴润图古日格音乌哈呼舒乃萨日布其南	C	0.217
C1503203008	巴润图古日格音乌哈呼舒乃萨日布其西南	C	0.132
C 级区预测资源量总计			**1.741**

表 4-20 浩雅尔洪格尔预测工作区最小预测区预测级别分类统计表

最小预测区编号	最小预测区名称	级别	$Z_{预}(\times 10^4 t)$
A1503203004	赫格敖拉	A	70.345
A1503203005	乌斯尼黑	A	7.851
A1503203006	哈日阿图嘎查东	A	9.951
A1503203007	贺白区	A	7.105
A1503203008	赫白区 733	A	14.092
A1503203009	贺根山南	A	0.93
A1503203010	巴彦图门嘎查西南	A	26.388
A1503203011	洪格尔嘎查东	A	57.618
A1503203012	沃勒哈图	A	62.471
A 级区预测资源量总计			**256.751**
B1503203004	赫白区 733 东	B	0.889
B1503203005	哈昭乌苏乌日特西南	B	15.348
B1503203006	呼钦阿尔班格勒北	B	18.507
B1503203007	哈日阿图嘎查东南	B	25.453
B1503203008	沃勒哈图北	B	11.974
B1503203009	松根乌拉苏木东北	B	28.211
B1503203010	沃勒哈图西北	B	26.249
B1503203011	机井西	B	26.909
B1503203012	松根嘎查西北	B	10.176
B1503203013	朝克乌拉西	B	35.201
B 级区预测资源量总计			**198.917**
C1503203009	乌斯尼黑北	C	6.418
C1503203010	乌斯尼黑南	C	13.976
C1503203011	查汗果池洛东	C	1.342
C1503203012	朝根山	C	0.283
C1503203013	阿尔善宝拉格苏木西南	C	1.883

续表 4-20

最小预测区编号	最小预测区名称	级别	$Z_{预}(\times 10^4 \text{t})$
C1503203014	乌斯尼黑西北	C	1.820
C1503203015	巴彦洪格尔嘎查	C	7.580
C1503203016	松根乌拉苏木西北	C	9.172
C1503203017	都贵音塔拉	C	9.223
C1503203018	松根乌拉苏木东北	C	7.040
C1503203019	洪格尔嘎查	C	3.077
C 级区预测资源量总计			**61.814**

表 4-21 哈登胡硕预测工作区最小预测区预测级别分类统计表

最小预测区编号	最小预测区名称	级别	资源量($\times 10^4 \text{t}$)
A1503203013	贵勒斯太东北 6.3km	A 级	1.404
A1503203014	赛罕温都日西 9.7km	A 级	3.559
A 级区储量累计			**4.963**
B1503203014	巴彦胡博嘎查东 7.5km	B 级	6.711
B1503203015	赛罕温都日西 4km	B 级	4.154
B 级区储量累计			**10.865**
C1503203020	贵勒斯太东偏北 5.6km	C 级	0.177
C 级区储量累计			**0.177**

3. 评价结果综述

二连浩特北部预测工作区大地构造位置属Ⅰ天山-兴蒙造山系，Ⅰ-1 大兴安岭弧盆系，Ⅰ-1-6 锡林浩特岩浆弧(Pz_2)；成矿区带属于滨太平洋成矿域(叠加在古亚洲成矿域之上)，大兴安岭成矿省，朝不楞-博克图钨、铁、锌、铅成矿亚带(Ⅴ、Y)。

浩雅尔洪格尔预测工作区大地构造位置属Ⅰ天山-兴蒙造山系，Ⅰ-1 大兴安岭弧盆系，Ⅰ-1-5 二连-贺根山蛇绿混杂岩带(Pz_2)；成矿区带属于Ⅰ-4 滨太平洋成矿域(叠加在古亚洲成矿域之上)；Ⅱ-12 大兴安岭成矿省；Ⅲ-6 东乌珠穆沁旗-嫩江(中强挤压区)铜、钼、铅、锌、金、钨、锡、铬成矿带(Pt_3、Vm-l、Ye-m)(Ⅲ-48)，Ⅲ-6-②朝不楞-博克图钨、铁、锌、铅成矿亚带(Ⅴ、Y)与Ⅲ-7 阿巴嘎-霍林河铬、铜(金)、锗、煤、天然碱、芒硝成矿带(Ym)，Ⅲ-7-⑤温都尔庙-红格尔庙铁成矿亚带(Pt)、Ⅲ-8 林西-孙吴铅、锌、铜、钼、金成矿带(Ⅵ、Ⅱ、Ym)和Ⅲ-8-①索伦镇-黄岗铁(锡)、铜、锌成矿亚带三者交界之处。

哈登胡硕预测工作区大地构造位置属Ⅰ天山-兴蒙造山系，Ⅰ-1 大兴安岭弧盆系，锡林浩特岩浆弧；成矿区带属于滨太平洋成矿域(叠加在古亚洲成矿域之上)，大兴安岭成矿省，林西-孙吴铅、锌、铜、钼、金成矿带，索伦镇-黄岗铁(锡)、铜、锌成矿亚带。

哈登胡硕预测工作区泥盆纪超基性岩浆晚期分异型铬铁矿床及矿点在空间分布上与同期的超基性侵入岩分布基本一致，与 Cr 单元素化探异常区分布一致。区内断层褶皱等构造对成矿影响不大。

依据预测工作区成矿地质构造背景并结合资源量估算和预测工作区优选结果，各级别面积分布合理，且已知矿床均分布在 A 级预测工作区内，说明预测工作区优选分级原则较为合理；最小预测区圈定结果表明，预测工作区总体与区域成矿地质背景、化探异常、剩余重力异常、航磁异常套合较好。

因此,所圈定的最小预测区,特别是 A 级最小预测区具有较好的找矿潜力。

(五)预测工作区资源总量成果汇总

1. 按方法

赫格敖拉式侵入岩体型铬铁矿各预测工作区预测资源量见表 4-22。

表 4-22　赫格敖拉式侵入岩体型铬铁矿各预测工作区预测资源量方法统计表

预测工作区编号	预测工作区名称	地质体积法($\times 10^4$ t)
1503203001	二连浩特北部预测工作区	39.337
1503203002	浩雅尔洪格尔预测工作区	517.482
1503203003	哈登胡硕预测工作区	16.005

2. 按精度

赫格敖拉式侵入岩体型铬铁矿各预测工作区的预测资源量依据资源量级别划分标准,可划分为 334-1、334-2、334-3 三个资源量精度级别,各级别资源量见表 4-23。

表 4-23　赫格敖拉式侵入岩体型铬铁矿各预测工作区预测资源量精度统计表

预测工作区编号	预测工作区名称	精度($\times 10^4$ t)		
		334-1	334-2	334-3
1503203001	二连浩特北部预测工作区	0	10.739	28.598
1503203002	浩雅尔洪格尔预测工作区	84.437	371.231	61.814
1503203003	哈登胡硕预测工作区	0	1.581	14.424

3. 按延深

赫格敖拉式侵入岩体型铬铁矿各预测工作区,根据各最小预测区内含矿地质体(侵入岩及构造)特征,预测深度在 200～437m 之间,其资源量按预测深度统计结果见表 4-24。

表 4-24　赫格敖拉式侵入岩体型铬铁矿各预测工作区预测资源量深度统计表　　单位:$\times 10^4$ t

预测工作区编号	预测工作区名称	500m 以浅			1 000m 以浅			2 000m 以浅		
		334-1	334-2	334-3	334-1	334-2	334-3	334-1	334-2	334-3
1503203001	二连浩特北部预测工作区	0	10.739	28.598	0	10.739	28.598	0	10.739	28.598
总计			39.337			39.337			39.337	

续表 4-24

预测工作区编号	预测工作区名称	500m 以浅			1 000m 以浅			2 000m 以浅		
		334-1	334-2	334-3	334-1	334-2	334-3	334-1	334-2	334-3
1503203002	浩雅尔洪格尔预测工作区	84.437	371.231	61.814	84.437	371.231	61.814	84.437	371.231	61.814
总计		517.482			517.482			517.482		
1503203003	哈登胡硕预测工作区	0	1.581	14.424	0	1.581	14.424	0	1.581	14.424
总计		16.005			16.005			16.005		

4. 按矿产预测方法类型

赫格敖拉式侵入岩体型铬铁矿二连浩特北部预测工作区、浩雅尔洪格尔预测工作区和哈登胡硕预测工作区,其矿产预测类型为赫格敖拉式蛇绿岩型,矿产预测方法类型为侵入岩体型,其资源量统计结果见表 4-25。

表 4-25 赫格敖拉式侵入岩体型铬铁矿各预测工作区预测资源量矿产预测方法类型统计表

预测工作区编号	预测工作区名称	侵入岩体型($\times 10^4$ t)		
		334-1	334-2	334-3
1503203001	二连浩特北部预测工作区	0	10.739	28.598
1503203002	浩雅尔洪格尔预测工作区	84.437	371.231	61.814
1503203003	哈登胡硕预测工作区	0	1.581	14.424

5. 按可利用性类别

最小预测区统计结果见表 4-26,预测工作区资源量可利用性统计结果见表 4-27。

表 4-26 赫格敖拉式侵入岩体型铬铁矿各预测工作区最小预测区预测资源量可利用性统计表

最小预测区编号	最小预测区名称	深度	开采经济条件	矿石可选性	自然地理交通	综合权重指数
A1503203001	阿尔登格勒庙	0.3	0.28	0.12	0.1	0.80
A1503203002	阿尔登格勒庙南	0.3	0.12	0.12	0.1	0.64
A1503203003	沙达噶庙	0.3	0.28	0.12	0.1	0.80
A1503203004	赫格敖拉	0.3	0.40	0.12	0.1	0.92
A1503203005	乌斯尼黑	0.3	0.28	0.12	0.1	0.80
A1503203006	哈日阿图嘎查东	0.3	0.12	0.12	0.1	0.64
A1503203007	贺白区	0.3	0.28	0.12	0.1	0.8
A1503203008	赫白区 733	0.3	0.40	0.12	0.1	0.92
A1503203009	贺根山南	0.3	0.40	0.12	0.1	0.92
A1503203010	巴彦图门嘎查西南	0.3	0.12	0.12	0.1	0.64

续表 4-26

最小预测区编号	最小预测区名称	深度	开采经济条件	矿石可选性	自然地理交通	综合权重指数
A1503203011	洪格尔嘎查东	0.3	0.12	0.12	0.1	0.64
A1503203012	沃勒哈图	0.3	0.12	0.12	0.1	0.64
B1503203001	敦德苏古吉音棚东	0.3	0.12	0.12	0.1	0.64
B1503203002	萨达格乌拉	0.3	0.12	0.12	0.1	0.64
B1503203003	沙达噶庙东	0.3	0.12	0.12	0.1	0.64
B1503203004	赫白区733东	0.3	0.12	0.12	0.1	0.64
B1503203005	哈昭乌苏乌日特西南	0.3	0.12	0.12	0.1	0.64
B1503203006	呼钦阿尔班格勒北	0.3	0.12	0.12	0.1	0.64
B1503203007	哈日阿图嘎查东南	0.3	0.12	0.12	0.1	0.64
B1503203008	沃勒哈图北	0.3	0.12	0.12	0.1	0.64
B1503203009	松根乌拉苏木东北	0.3	0.12	0.12	0.1	0.64
B1503203010	沃勒哈图西北	0.3	0.12	0.12	0.1	0.64
B1503203011	机井西	0.3	0.12	0.12	0.1	0.64
B1503203012	松根嘎查西北	0.3	0.12	0.12	0.1	0.64
B1503203013	朝克乌拉西	0.3	0.12	0.12	0.1	0.64
C1503203001	阿曼乌苏东	0.3	0.12	0.12	0.1	0.64
C1503203002	阿曼乌苏	0.3	0.12	0.12	0.1	0.64
C1503203003	巴彦霍布尔	0.3	0.12	0.12	0.1	0.64
C1503203004	阿拉坦格尔	0.3	0.12	0.12	0.1	0.64
C1503203005	巴日钦音哈达东	0.3	0.12	0.12	0.1	0.64
C1503203006	阿拉坦格尔东	0.3	0.12	0.12	0.1	0.64
C1503203007	巴润图古日格音乌哈呼舒乃萨日布其南	0.3	0.12	0.12	0.1	0.64
C1503203008	巴润图古日格音乌哈呼舒乃萨日布其西南	0.3	0.12	0.12	0.1	0.64
C1503203009	乌斯尼黑北	0.3	0.12	0.12	0.1	0.64
C1503203010	乌斯尼黑南	0.3	0.12	0.12	0.1	0.64
C1503203011	查汗果池洛东	0.3	0.12	0.12	0.1	0.64
C1503203012	朝根山	0.3	0.28	0.12	0.1	0.80
C1503203013	阿尔善宝拉格苏木西南	0.3	0.12	0.12	0.1	0.64
C1503203014	乌斯尼黑西北	0.3	0.12	0.12	0.1	0.64
C1503203015	巴彦洪格尔嘎查	0.3	0.12	0.12	0.1	0.64
C1503203016	松根乌拉苏木西北	0.3	0.12	0.12	0.1	0.64
C1503203017	都贵音塔拉	0.3	0.12	0.12	0.1	0.64
C1503203018	松根乌拉苏木东北	0.3	0.12	0.12	0.1	0.64
C1503203019	洪格尔嘎查	0.3	0.12	0.12	0.1	0.64

表 4-27　赫格敖拉式侵入岩体型铬铁矿各预测工作区预测资源量可利用性统计表

预测工作区编号	预测工作区名称	可利用($\times 10^4$t)		
		334-1	334-2	334-3
1503203001	二连浩特北部预测工作区	0	10.739	28.598
1503203002	浩雅尔洪格尔预测工作区	84.437	371.231	61.814
1503203003	哈登胡硕预测工作区	0	1.581	14.424

6. 按可信度类别分类

赫格敖拉铬铁矿各预测工作区预测资源量按可信度统计结果见表 4-28。二连浩特北部预测工作区预测资源量可信度估计概率$\geqslant 0.75$的有 14.268×10^4t，$\geqslant 0.5$的有 39.337×10^4t，$\geqslant 0.25$的有 39.337×10^4t；浩雅尔洪格尔预测工作区预测资源量可信度估计概率$\geqslant 0.75$的有 256.751×10^4t，$\geqslant 0.5$的有 514.405×10^4t，$\geqslant 0.25$的有 517.482×10^4t；哈登胡硕预测工作区预测资源量可信度估计概率$\geqslant 0.75$的有 16.005×10^4t，$\geqslant 0.5$的有 16.005×10^4t，$\geqslant 0.25$的有 16.005×10^4t。

表 4-28　赫格敖拉式侵入岩体型铬铁矿各预测工作区预测资源量综合可信度统计表　　单位：$\times 10^4$t

预测工作区编号	预测工作区名称	$\geqslant 0.75$			$\geqslant 0.5$			$\geqslant 0.25$		
		334-1	334-2	334-3	334-1	334-2	334-3	334-1	334-2	334-3
1503203001	二连浩特北部预测工作区	—	10.739	3.529	—	10.739	28.598	—	10.739	28.598
1503203002	浩雅尔洪格尔预测工作区	84.437	172.314	0	84.437	371.231	58.737	84.437	371.231	61.814
1503203003	哈登胡硕预测工作区	—	1.404	3.559	—	1.581	14.424	—	1.581	14.424

第五章　索伦山式侵入岩体型铬铁矿预测成果

第一节　典型矿床概述

一、典型矿床及成矿模式

（一）典型矿床特征

1. 矿区地质特征

1）地层

矿区地层主要由上石炭统本巴图组和阿木山组、下侏罗统红旗组及白垩系二连组组成。

石炭系：主要分布于索伦山岩体南侧，上石炭统本巴图组岩性为长石石英砂岩夹硅泥岩及结晶灰岩透镜体、板岩、火山岩；上石炭统阿木山组岩性为灰色、灰紫色结晶灰岩，含砾杂砂岩，石英砂岩。

下侏罗统红旗组岩性为黄褐色、灰紫色、灰白色凝灰质泥岩及层凝灰岩。

上白垩统二连组岩性为砖红色砂质泥岩、砂质泥灰岩、泥质砂岩。

第三系在区内零星分布，多散布于索伦山南部平原地区，不整合于其他老地层之上，多属于盆地型沉积，地层产状平缓，厚度约 150m。下部为砾岩夹砂层，砾石成分有石英岩、砂岩、板岩、片岩、片麻岩、花岗岩、火山岩及超基性岩风化壳等，磨圆程度不一，分选性差，砂质胶结；中部为砂岩、矽镁碳酸盐岩、杂色黏土及碳质页岩；上部为杂色黏土夹砂质透镜体。

第四系在区内分布广泛，为砂土砾石层，近基岩者多为残积层，平原地带多为冲积、风积层。

2）岩浆岩

与铬铁矿及菱镁矿成矿有关的侵入岩主要为早二叠世超基性岩（$P_1\Sigma$），其中主要岩性有二辉辉橄岩（$P_1\psi\sigma$）、斜辉辉橄岩（$P_1\nu\sigma$）、蛇纹石化纯橄榄岩（$P_1\psi$）。但在本预测工作区内出露的早二叠世侵入岩还有英云闪长岩（$P_1\delta o$）、石英闪长岩（$P_1\delta o$）、闪长岩（$P_1\delta$）、角闪辉长岩（$P_1\delta\nu$）、蚀变辉绿岩（$P_1\beta\mu$）。

英云闪长岩（$P_1\gamma\delta o$）：岩石呈浅灰色，具中粗粒花岗结构，块状构造，主要由斜长石 60%、石英 25%、钾长石 5%、黑云母 10% 组成，SiO_2 含量为 70.99%～75.62%，平均含量为 73.2%，Na_2O 含量为 2.74%～5.05%，K_2O 含量为 0.14%～0.67%，$Na_2O > K_2O$，$A/CNK = 0.95～1.1$，属偏-过铝质低钾拉斑系列岩石类型。

石英闪长岩（$P_1\delta o$）：岩石呈灰绿色，半自形粒状结构，块状构造，粒径 0.1～2mm，主要有斜长石 70%，角闪石 15%，石英小于 15%，SiO_2 含量为 63.29%～63.99%，Na_2O 含量为 3.14%～5.7%，K_2O 含量为 0.26%～0.97%，$Na_2O > K_2O$，$A/CNK = 0.78～0.92$，属偏铝质中钾钙碱性系列岩石类型。

闪长岩（$P_1\delta$）：岩石呈灰绿色，半自形粒状结构，块状构造，主要有斜长石 70%，角闪石 20%，黑云母 7%，石英 3%，SiO_2 含量为 53.82%～59.27%，Na_2O 含量为 3.07%～4.37%，K_2O 含量为 0.3%～0.62%，$Na_2O > K_2O$，$A/CNK = 0.82～0.87$，属偏铝低钾拉斑系列岩石。

角闪辉长岩($P_1\delta\nu$):岩石呈灰黑色,半自形粒状辉长结构,块状构造,粒径 0.4～1.7mm,主要由斜长石 40%、辉石 50%、角闪石 10%组成,SiO_2 含量为 46.71%～49.35%,Na_2O 含量为 1.84%～3.20%,K_2O 含量为 0.08%～1.84%,$Na_2O > K_2O$,$A/CNK = 0.52～0.8$,属偏铝质低钾拉斑系列岩石。

蚀变辉绿岩($P_1\beta\mu$):岩石呈灰绿色,变余显微辉绿结构,块状构造,主要由斜长石 50%、辉石 40%、绿泥石 10%组成,岩石具绿泥石化、泥化、次闪石化等。

二辉辉橄岩($P_1\psi\sigma$):岩石呈绿黑色、暗绿色,粒径 0.5～1mm,细粒结构,块状构造,主要有橄榄石 70%,斜方辉石+单斜辉石 5%～30%,二者含量近于相等。

斜辉辉橄岩($P_1\nu\sigma$):岩石呈黑绿或暗绿色,假斑状或网状结构,块状构造,粒径 3mm 左右,主要由橄榄石 75%、顽火辉石 5%～30%组成(岩石具蛇纹石化及滑石化)。SiO_2 含量为 23.24%,Na_2O 含量为 0,K_2O 含量为 0.5%,$K_2O > Na_2O$,$A/CNK = 0.95～1.1$。

蛇纹石化纯橄榄岩($P_1\psi$):岩石呈暗绿色,网状结构,块状构造,主要由蛇纹石 80%(纤维状集合体)、方解石 20%(交代蛇纹石形成网脉状)组成,SiO_2 含量为 38.94%,Na_2O 含量为 0.04%,K_2O 含量为 0.15%,Cr_2O_3 含量为 0.01%,Fe_2O_3 含量为 7.87%,FeO 含量为 0.66%,MgO 含量为 34.44%,$Na_2O < K_2O$,$(Fe_2O_3 + FeO)/MgO = 0.25$。

超基性岩($P_1\Sigma$):岩性为硅化铁染蛇纹岩,岩石呈深绿色,脉状结构,块状构造,主要由蛇纹石 60%、次生硅质 35%、纤维蛇纹石(细脉状)5%组成,SiO_2 含量为 39.69%,Na_2O 含量为 0.21%,K_2O 含量为 0.15%,Fe_2O_3 含量为 5.53%,FeO 含量为 1.02%,MgO 含量为 35.44%,$Na_2O > K_2O$,$(Fe_2O_3 + FeO)/MgO = 0.18$。

与铬铁矿、菱镁矿成矿有关的岩性为二辉辉橄岩、斜辉辉橄岩及纯橄榄岩、而多数铬铁矿体赋存于纯橄榄岩中。有 5 个较大的岩体。

索伦山岩体:东西长近 40km,南北宽近 2～6km(国内宽 4～4.5km),面积 80km²,南侧北倾 60°～80°,北侧南倾 50°～70°。

布格岩体:长 11km,宽 1～3km,面积约 18km²,规模次于索伦山岩体,南侧北倾 60°～80°。

乌珠尔岩体:长 6km,宽 2km,面积 5km²,岩体南、北两侧与围岩断层接触,断层面均南倾 50°～60°。

平顶山岩体:长 6km,宽十几米至 200 多米,面积约 1km²,整个岩体南倾 50°～70°。

哈也岩体:长 3km,宽几十米至 400 多米,面积不足 1km²,整个岩体南倾 60°～70°。

超基性岩以索伦山岩体为中心,向东西方向岩体数渐趋变少变小,各岩体的距离也变大。

3)构造

本区具有工业意义的铬铁矿、菱镁矿均产于索伦-乌珠尔少布特早二叠世超基性岩体中,其分布形式受构造的控制。

据内蒙古自治区地质研究队从地质力学观点认为"本区超基性岩的分布主要受阴山纬向构造的控制,并主要分布在索伦-乌珠尔少布特海西期褶皱带中,受到蒙古弧形构造东翼的制约"。从实际资料分析,索伦-乌珠尔少布特超基性岩主要产于本区晚石炭世构成的复背斜核部。岩体的具体产出部位受次一级的褶皱构造控制,索伦山岩体位于索伦山向斜构造中;阿不盖岩体北半部位于阿不盖向斜之南翼,南半部位于阿不盖背斜之南翼,乌珠尔少布特岩体位于乌珠尔少布特背斜南翼。岩体的分布、形态、产状既受褶皱构造的控制,也多受断裂构造的控制(包括原生及次生节理和断裂),其成带分布和成群出现分段集中的现象,平面上为雁行斜列,剖面上呈叠瓦状,显示了铬铁矿、菱镁矿具有一定的构造空间位置。

4)围岩蚀变

围岩的蚀变见有蛇纹石化、滑石化、次闪石化、绿泥石化、碳酸盐化、硅化等,但以蛇纹石化为主,凡是纯橄榄岩体中均具较强烈的蛇纹石化,其他几种蚀变较弱,分布不明显,蚀变带宽窄不一。

2. 矿床地质特征

本区铬铁矿床(点)数以百计,其中较大的或具有代表性的有 24 处,察汗奴鲁矿床包括主矿矿床、

11号矿床、41号矿床等。现以察汗奴鲁铬铁矿床为例,描述如下。

1) 主矿矿床

矿床面积 0.39km²。岩石成分主要由纯橄榄岩、斜方辉橄岩组成。纯橄榄岩异离体呈透镜状体,中夹有少量的斜方辉橄岩分异体。

纯辉橄岩异离体长 1 000 余米,宽 100~00m,延深 50~100m,走向近东西向,倾向南,倾角 50°~60°。矿床范围内,后生构造主要有横断层,走向近南北向,倾向东,倾角 70°,可能为逆断层;斜交断层,走向南东东—北北西向,倾向南,倾角 70°,可能为正断层。

矿体数量:地表出露矿体由北向南有 17 条。此外还有盲矿体,计大小 30 个矿体。其中地表矿体均已开采。

矿体位于纯橄榄岩异离体中部,平行分布,地表矿体行间距 20~30m。其海拔高程 1 300~1 395m 之间,垂直埋藏深度 0~90m。主要矿体和多数矿体均分布在硅化淋滤风化壳中。矿体形状以似脉状、扁豆状为主。矿体规模大小不一,其中最大的矿体如 5 号矿体长 250m,厚 0.1~0.9m,延深 15~30m。一般长 20~60m,厚 0.3~1m,延伸 15~20m。矿体走向近东西向,除 5 号矿体局部有向北倾斜外,均倾向南,倾角 50°~60°。个别倾角 20°。多数矿体产状与纯橄榄岩异离体构造一致。矿石品位含 Cr_2O_3 最高为 55.02%,最低为 11.09%,一般以 20%~30% 为主。

2) 11 号矿床

矿床面积 0.25km²。岩石成分主要由纯橄榄岩、斜方辉橄榄岩组成。此外尚有少量后期贯入的辉绿岩脉。纯橄榄岩异离体为形状不很规则的似脉状体,与斜方辉橄岩相互交替分布成杂岩相带。岩相带中部的含矿纯橄榄岩异离体长 970m,宽 50~100m,延深 100~480m,走向近南北向,倾向西,向南西向侧伏,倾角 40°~70°。

矿床范围内,后生构造较为发育,主要有走向断层,走向大致为北北西-南南东向,倾向东,倾角 70° 左右,可能为逆断层;横断层,走向近东西向,倾向北,倾角 60° 左右,可能为逆断层;斜交断层,走向北西-南东向,倾向倾角不明,可能以水平断层和逆断层为主。

矿体数量计有大小矿体 37 个,均为盲矿体存在。其分布于纯橄榄岩异离体中部厚大部位,成群出露,平行排列。海拔高程 900~1 355m 之间,垂直埋藏深度 15~40m。矿体形态以似脉状、透镜状、扁豆状为主。矿体规模大小不一。矿体产状受纯橄榄岩异离体构造控制,与异离体产状一致。走向近南北向,倾向西,向南西向倾伏,倾角 40°~70°。矿石品位含 Cr_2O_3 最高为 38.47%,最低为 8.46%,一般以 12%~20% 为主。

3) 41 号矿床

矿床面积 0.3km²。岩石成分主要由纯橄榄岩、斜方辉橄岩组成。纯橄榄岩异离体呈似脉状或透镜状矿体,中夹有一定数量的斜方辉橄岩分异体。纯橄榄岩异离体长 1 000m,宽 80~170m,延伸 100~300m 即分支尖灭。走向北西,倾向南西,倾角 60°~85°,地表微向东倾斜,下部转向西南。

矿床范围内,后生构造主要有横断层,走向北北东-南南西向和北北西-南南东向,倾向倾角及断层性质不详;斜交断层,走向北东-南西向,倾向倾角不明,断层尚未查清。

矿体数量计有大小矿体 16 个。除 4 号、6 号、15 号、16 号矿体出露地表外,其余均为盲矿体。矿体分布于纯橄榄岩异离体的中部,局部成群出现,平行分布,海拔高程 1 230~1 350m 之间,垂直埋藏深度 0~130m。矿体形状以似脉状、扁豆状为主,规模不一。矿体产状与纯橄榄岩异离体构造变化一致。走向北西向,倾向南西(地表微向北东倾,下部转为北西),倾角 50°~70°。矿石品位含 Cr_2O_3 最高为 37.35%,最低为 9.03%,一般以 12%~15% 为主。

察汗奴鲁矿区除主矿、11 号矿、41 号矿为主要矿床外,还有 310 号、51 号、10 号等小矿床,均已进行普查勘探工作。资料表明,矿床基本地质特征为主要矿床大同小异,仅在矿体数量、规模等方面有所差异,矿石多以稠密浸染类型为主,品位高,但矿体储量多为几百吨至几千吨。

矿石质量均能满足工业指标要求,主矿矿石类型以致密块状、稠密浸染状为主,次为中等浸染及瘤状构造矿石。11 号矿矿石以中等浸染状为主,次为稀疏—稠密浸染状矿石,41 号矿矿石以稀疏浸染状为主,局部为中等—稠密浸染状矿石。矿石品级以中低品级为主,富矿比例小。组成矿石的铬尖晶石二价元素属镁组成或镁铁组矿物类型,三价元素属铬铁矿、富铁铬铁矿及铝铬铁矿类型。

3. 岩石矿物成分

岩石中原生矿物有橄榄石、斜方辉石、单斜辉石、铬尖晶石,其余均为次生矿物,常见有蛇纹石、次闪石、绿泥石、滑石、磁铁矿,地表还有碳酸盐类矿物、菱镁矿,裂隙中偶见水镁石。

橄榄石在岩石中残留很少,纯橄榄岩中含量为5%,辉石橄榄岩中在20%以下。各地橄榄石中镁、铁含量有差异,如索伦山岩体为镁橄榄石,阿布格、乌珠尔岩体为贵橄榄石。

斜方辉石为顽火辉石,单斜辉石多为透辉石,阿布格岩体中有异剥石。

铬尖晶石在纯橄榄岩中者,呈自形—半自形,黑色不透明,含量1%,粒径0.5~1mm。辉石橄榄岩中者,为他形,红棕—棕褐色,半透明或不透明,含量1%~3%,粒径0.5~1mm。

蛇纹石是岩石中的主要矿物成分,根据镜下观察,可分为纤维蛇纹石、叶蛇纹石、均质(片)蛇纹石3种。

4. 岩石化学成分

三氧化二铬(Cr_2O_3)是组成铬尖晶石矿物的主要组分之一,只见有微量的铬存在于气化热液期矿物中,如铬云母和铬绿泥石等矿物,按照矿石中Cr_2O_3的含量不同,可划分为以下几种类型。

高品位矿石(Cr1):Cr_2O_3>48%,铬尖晶石颗粒含量一般为80%~90%。

富品位矿石(Cr2):Cr_2O_3 32%~48%,铬尖晶石颗粒含量一般为50%~80%。

中品位矿石(Cr3):Cr_2O_3 20%~32%,铬尖晶石颗粒含量一般为30%~50%。

低品位矿石(Cr4-5):Cr_2O_3 8%~20%,铬尖晶石颗粒含量一般为13%~30%。

5. 矿石结构构造

1)矿石结构类型

主要矿石结构类型为半自形—自形细—极细粒结构的低品位(Cr_2O_3 20%)、稀疏—星散浸染状矿石(Cr4-5);自形—半自形极细粒(粒径小于0.5mm)结构的低品位浸染状矿石;半自形为主,少量自形细粒(粒径0.5~1mm)结构的低品位浸染状矿石;半自形为主,细—中粒结构的中—富品位中等—稠密浸染状矿石(Cr 3-2);半自形细粒结构的中品位(Cr_2O_3 20%~32%)浸染状矿石;半自形中粒(粒径1~2mm)结构的中品位浸染状矿石;半自形—自形中—细粒结构的富品位(Cr_2O_3 32%~48%)浸染状矿石;半自形中粒结构的富品位浸染状矿石;他形中粒结构的富品位浸染状矿石;各种结构的高品位(Cr_2O_3 48%)块状矿石(Cr1);半自形—自形中—细粒结构的高品位块状矿石;他形为主,粗粒(粒径大于2mm)结构或呈致密状结构的高品位块状矿石。

2)矿石构造类型

块状构造矿石:矿石中非金属矿物少,含量小于20%(一般小于10%)。铬尖晶石矿物组成块状集合体。

粗网状构造矿石:矿石中铬尖晶石矿物呈块状集合体,围绕围岩成分呈不规则的、圆滑的粗网状排列。

斑点斑杂状构造矿石:在硅酸盐矿物集合体中,存在有部分形态较规则(近于等轴状)、颗粒较小的铬尖晶石矿物集合体的孤立体和部分铬尖晶石矿物单晶(或没有)浸染体所组成的矿石。

斑杂浸染状构造矿石:在硅酸盐矿物集合体中,存在有部分不规则块状矿石团块及部分浸染状铬尖晶石矿物颗粒所组成的矿石。

纤维网环状、网环状构造矿石:前者以肉眼观察时铬尖晶石矿物呈网环状排列不够清楚区别于后者。

均匀浸染状构造矿石:矿石中铬尖晶石矿物颗粒较均匀分布在硅酸盐矿物集合体中。

条带状构造矿石:铬尖晶石矿物或铬尖晶石矿物集合体在硅酸盐矿物集合体中具有定向拉长排列。

斑杂条带状构造矿石:矿石条带由致密块状矿石组成。

斑杂浸染条带状构造矿石:矿石条带由块状及浸染状矿石组成,常相间排列。

浸染条带状构造矿石：矿石条带主要由浸染状矿石组成。

瘤状、豆状构造矿石：实为斑点斑杂状构造矿石的特殊形式，即在硅酸盐矿物集合体中，铬尖晶石矿物集合体呈较为浑圆球状孤立体产出。矿"瘤"与矿"豆"的区别在于前者直径大于5mm，后者直径小于5mm。

空心瘤状、空心豆状构造矿石：矿"瘤（豆）"中心见有硅酸盐矿物集合体组成的"核心"。

假（反）瘤（豆）状构造矿石：实为粗网状构造的特殊形式，即硅酸盐矿物集合体呈较规则浑圆球状孤立体产于铬铁矿石矿物集合体中。

脉混合岩状构造矿石：铬铁矿石呈不规则脉状沿围岩裂隙贯入。

褶曲构造矿石：矿石具有柔性褶曲现象。

另还有次生角砾构造矿石，假角砾构造矿石，土状、粉末状构造矿石和次生蚀变构造矿石。

6. 矿床成因及成矿时代

索伦山铬铁矿是典型的与蛇绿岩有关的分异式的晚期岩浆矿床，铬铁矿产于地幔超镁铁质岩中，岩石类型为纯橄榄岩、斜辉橄榄岩、橄榄岩、橄榄辉石岩、辉石岩等。

成矿时代为早二叠世。

（二）矿床成矿模式

索伦山铬铁矿产于索伦山蛇绿混杂岩带中，成矿均与蛇绿岩中的地幔超镁铁质岩相关，因此，典型矿床的成矿模式图采用《中国矿床模式》（裴荣富，1995）推荐的蛇绿岩中（阿尔卑斯型）豆荚状铬铁矿床模式图（图2-1）。

二、典型矿床地球物理特征

（一）矿床所在位置磁法特征

1. 航磁测量

索伦山超基性带异常范围与超基性岩体范围基本一致，东西长30km，南北宽10km，磁异常之地质体推断埋藏深度1 200～1 400m。

2. 地面磁法

1∶1万磁法测量：在索伦山超基性岩体上均已进行，目的是进一步圈定超基性岩体及提供关于岩体产状资料，能大致圈定岩体的范围以及初步了解岩体的产状，一般岩体边缘均为高磁异常，主要为斜方辉橄岩的地区磁异常值亦较高，而纯橄榄岩密集地区磁异常特征为低值。

1∶2 000磁法测量：对超基性岩进行解体，但准确划分纯橄榄岩与斜方辉橄岩效果不佳，仅在纯橄榄岩集中或纯橄榄岩地段、以斜方辉橄岩为主地段，磁异常显示异常。

1∶2 000磁法精测：主要纯橄榄岩异离体均位于低磁异常带上。

1∶500磁称测量：仅在察汗奴鲁主矿区进行面积0.2km²的测量。其目的在于试图圈定含矿纯橄榄岩异离体，直接找铬铁矿，测量结果反映不明显，在含矿的纯橄榄岩异离体上表现为较低的正磁异常，北部斜方辉橄岩的磁异常较南部纯橄榄岩高。

1∶2 000扭称测量：各矿区主要矿（床）化点均进行扭称测量，但找矿效果不好。典型矿床物探剖析见图5-1。

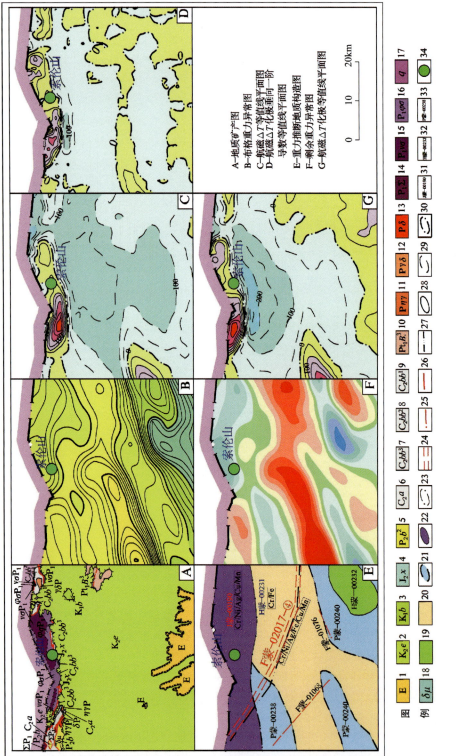

图 5-1 索伦山典型矿床所在区域地质矿产及物探剖析图

（二）矿床所在区域重力特征

1∶10万低精度重力测量达1万余平方千米，在索伦山一带发现重力异常与航磁异常不完全符合。
1∶2 000高精度重力测量效果不好。

三、典型矿床地球化学特征

与预测工作区相比较，索伦山式侵入岩体型铬铁矿区周围存在Cr、Fe_2O_3、Co、Ni、W、Au等元素（或氧化物）组成的高背景区，Cr、Fe_2O_3为主成矿元素（或氧化物），Cr、Co、Ni具有明显的浓集中心，异常强度高，套合较好；Fe_2O_3、Mn呈高背景分布，无明显的浓集中心；W、Au异常分布范围较大，但浓集中心不明显。索伦山各岩体为成矿有利地段。在覆盖厚度小于1m，残积、坡积层中进行此项工作，目的是配合其他物探方法寻找铬铁矿，但效果不好。典型矿床化探剖析图见图5-2。

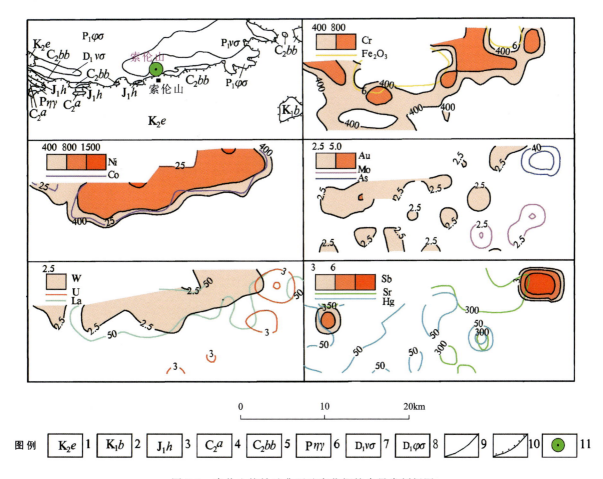

图5-2 索伦山铬铁矿典型矿床化探综合异常剖析图
1.上白垩统二连组；2.下白垩统白羊盘组；3.下侏罗统红旗组；4.上石炭统阿木山组；5.上石炭统本巴图组；
6.二叠纪二长花岗岩；7.早二叠世辉橄岩；8.早二叠世二辉橄榄岩；9.地质界线；10.不整合地质界线；11.铬铁矿床
（图中各元素单位为$\times 10^{-6}$；Fe_2O_3为%）

四、典型矿床预测要素表

总结典型矿床综合信息特征,编制典型矿床预测要素表(表5-1)。

表5-1 索伦山式侵入岩体型铬铁矿索伦山矿区典型矿床预测要素表

典型矿床成矿要素		内容描述			要素类别
储量		Cr_2O_3 C1+C2 储量 10.770×10^4 t	平均品位	Cr_2O_3 14.32%~17.74%	
特征描述		岩浆晚期分异矿床			
地质环境	构造背景	成矿带:Ⅰ-4滨太平洋成矿域(叠加在古亚洲成矿域之上),Ⅱ-13大兴安岭成矿省,Ⅲ-7阿巴嘎-霍林河铬、铜(金)锗、煤、天然碱、芒硝成矿带(Ym),Ⅲ-7-③索伦山-查干哈达庙铬、铜成矿亚带(Vm)			必要
	成矿环境	矿体赋存于超基性岩中,规模均较小。矿体的产状严格地受其赋存的纯橄榄岩异离体或贯入体所控制,属岩浆晚期熔离矿床			必要
	成矿时代	石炭纪—二叠纪			必要
矿床特征	矿体形态	似脉状、矿条状、脉混合岩状、矿巢状、矿瘤状、透镜状、扁豆状及脉状			必要
	岩石类型	超基性岩			重要
	岩石结构	半自形—自形细—极细粒结构的低品位稀疏—星散浸染状矿石、自形中粒浸染状矿石			次要
	矿物组合	金属矿物:铬铁矿、铬尖晶石、磁铁矿、赤铁矿、磁黄铁矿、镍黄铁矿、黄铁矿、黄铜矿、方铅矿、斑铜矿、铂等			重要
	结构构造	半自形—自形细—极细粒结构的低品位稀疏—星散浸染状矿石;半自形为主,细—中粒结构的中—富品位中等—稠密浸染状矿石;各种结构的高品位块状矿石。块状构造矿石;浸染状构造矿石;条带状构造矿石;瘤状、豆状构造矿石;脉混合岩状构造矿石;褶曲构造矿石			次要
	蚀变特征	蛇纹石化、滑石化、次闪石化、绿泥石化、碳酸盐化、硅化			次要
	控矿条件	纯橄榄岩			必要
地球物理与地球化学特征	地球物理特征 / 重力	1:10万低精度重力测量达1万余平方千米,在索伦山一带发现重力异常与航磁异常不完全符合; 1:2 000高精度重力测量效果不好			次要
	地球物理特征 / 航磁	1:500磁称测量:仅在察汗奴鲁主矿区进行面积 $0.2 km^2$ 的测量。其目的在于试图圈定含矿纯橄榄岩异离体,直接找铬铁矿,测量结果反映不明显,在含矿的纯橄榄岩异离体表现为较低的正磁异常,北部斜方辉橄岩的磁异常较南部纯橄岩高			重要
	地球化学特征	索伦山超基性岩集中分布地段对成矿有利,岩体为成矿有利地段,在覆盖厚度小于1m的地段,目的是配合物探方法寻找铬铁矿			次要

第二节　预测工作区研究

一、区域地质特征

索伦山式蛇绿岩型铬铁矿预测区大地构造位置：一级大地构造单元为Ⅰ天山-兴蒙造山系，二级大地构造单元为Ⅰ-1大兴安岭弧盆系、Ⅰ-7索伦山-西拉木伦结合带和Ⅰ-8包尔汉图-温都尔庙弧盆系，三级大地构造单元为Ⅰ-1-6锡林浩特岩浆弧、Ⅰ-7-1索伦山蛇绿混杂岩带(Pz_2)、Ⅰ-8-2温都尔庙俯冲增生杂岩带和Ⅰ-8-3宝音图岩浆弧(Pz_2)。

成矿区（带）位于Ⅰ-4滨太平洋成矿域（叠加在古亚洲成矿域之上），Ⅱ-13大兴安岭成矿省，Ⅲ-7阿巴嘎-霍林河铬、铜（金）、锗、煤、天然碱、芒硝成矿带（Ym），Ⅲ-7-③索伦山-查干哈达庙铬、铜成矿亚带（Vm）。

1. 地层

预测工作区所出露的沉积岩有第四系、白垩系、侏罗系、二叠系、石炭系、志留系—泥盆系、奥陶系、中元古界及古元古界。

2. 侵入岩

预测工作区内岩浆活动频繁，自中元古代至古生代，从酸性岩到超基性岩均有出露。

三叠纪侵入岩有黑云母二长花岗岩。

中二叠世侵入岩有二长花岗岩、花岗闪长岩。

早二叠世侵入岩有英云闪长岩、石英闪长岩、闪长岩、角闪辉长岩、辉绿岩、二辉辉橄岩、斜辉辉橄岩、蛇纹石化纯橄榄岩、超基性岩。

二叠纪侵入岩有二长花岗岩、花岗闪长岩、闪长岩。

石炭纪侵入岩有花岗闪长岩、斜长花岗岩。

奥陶纪侵入岩有石英闪长岩、闪长岩。

新元古代侵入岩有闪长岩。

中元古代侵入岩有辉长岩、超基性岩。

以上各时代的侵入岩在本预测工作区内均有出露，但与铬铁矿及菱镁矿有关的岩性主要为早二叠世二辉辉橄岩、斜辉辉橄岩、蛇纹石化纯橄榄岩、超基性岩。该预测工作区内有索伦山岩体、布格岩岩体、乌珠尔岩体、平顶山岩体和哈也岩体5个较大的岩体。

超基性岩以索伦山岩体为中心，向东西方向岩体渐趋变少变小，各岩体的距离也变大。

3. 构造

预测工作区内总体构造特征以海西期构造运动为主，加里东期构造运动次之，总体构造线以北东向、北北东向及北西向为主，近东西向和近南北向的次之，组成了本区褶皱与断裂构造。预测工作区的西部及中部褶皱与断裂均较发育，而中部地区以断裂构造为主，褶皱构造较少。

4. 围岩蚀变

预测工作区围岩蚀变主要为蛇纹石化，其次为滑石化、次闪石化、绿泥石化、碳酸盐化、硅化等。

二、区域地球物理特征

(一)磁法

预测工作区磁异常幅值范围为−175~625nT,整个预测工作区以−100nT左右的负磁场为背景,预测工作区西部磁场值相对东部高,磁异常变化平缓,形态以椭圆形及带状为主,预测工作区北部及东部有一条带状异常,幅值较高,梯度变化大。纵观预测工作区磁异常轴向及ΔT等值线延伸方向,以东西向为主。索伦山铬铁矿位于预测工作区北部,为低缓正磁异常,极值为500nT。几个铬铁矿体所反映的低缓正磁异常呈东西向分布。

预测工作区磁法推断断裂构造以北东向及东西向为主,磁场标志多为不同磁场区分界线及磁异常梯度带。预测工作区磁异常推断主要由侵入岩体引起,北部幅值较高的带状磁异常推断由基性岩引起,东部磁异常推断由中酸性侵入岩体引起。乌拉特中旗北部索伦山地区索伦山式侵入岩体型铬铁矿预测工作区磁法共推断断裂构造8条,中酸性岩体3个,变质岩地层1个,中基性岩体1个,基性岩体1个,超基性岩体5个,与成矿有关的构造1条,走向为北东向。

(二)重力场特征

该预测工作区位于宝音图-白云鄂博-商都重力低值带以北。区域重力场最低值$\Delta g_{min}=-164.47\times 10^{-5}\mathrm{m/s^2}$,最高值$\Delta g_{max}=-129.55\times 10^{-5}\mathrm{m/s^2}$。

剩余重力异常图中异常呈条带状,近东西向展布。中部剩余重力正异常最高值是$16.97\times 10^{-5}\mathrm{m/s^2}$。

预测工作区北部横向分布多个剩余重力正异常,在地质图中这一带地表多处分布超基性岩,推断正异常是由超基性岩引起。索伦山超基性岩体位于预测工作区北部,航磁异常范围与其范围基本一致,东西长30km,南北宽10km,推断磁性体埋藏深度在1 200~1 400m之间。索伦山超基性岩体南部的剩余重力负异常,推断为中新生代盆地。预测工作区存在两处范围较大的剩余重力正异常,地质图上该区域局部出露石炭纪地层,推断由古生代地层引起。

预测工作区西北侧,布格重力异常等值线密集,且同向扭曲。推断此处存在断裂构造,编号为F蒙-02017。

索伦山铬铁矿体均产于规模较小的超基性岩体中,因此预测工作区内小范围的剩余重力正异常区或布格重力等值线扭曲部位是寻找铬铁矿的有利地区。

在该预测工作区推断解释断裂构造22条,中性-酸性岩体2个,基性-超基性岩体2个,地层单元3个,中新生代盆地7个。

三、区域地球化学特征

区域上分布有Cr、Fe_2O_3、Co、Ni、Mn、V、Ti等元素(或氧化物)组成的高背景区(带),在高背景区(带)中有以Cr、Fe_2O_3、Co、Ni、Mn、V为主的多元素(或氧化物)局部异常。预测区内共有12处Cr异常,13处Co异常,15处Fe_2O_3异常,18处Mn异常,12处Ni异常,14处Ti异常,18处V异常。

预测工作区内Cr、Ni呈大面积的高背景分布,高背景区呈东西向展布,具有明显的浓度分带和浓集中心,在索伦山地区,浓集中心范围较大,呈面状分布,异常强度高,Cr、Ni异常套合好。Co、Fe_2O_3在预测工作区西南部存在小范围的低背景区,其余多呈背景和高背景分布,在索伦山和好伊尔呼都格地区存在明显的 Co 局部异常,浓集中心明显,异常强度高;在好伊尔呼都格、胡吉尔特地区存在大规模的 Fe_2O_3 局部异常,具有明显的浓度分带和浓集中心。V 在预测工作区多呈背景和高背景分布,在好伊尔呼都格地区,存在规模较大的局部异常,浓集中心明显,强度高。Mn 在预测工作区多呈背景分布,局部异常主要分布于好伊尔呼都格和哈达呼舒地区。Ti 在索伦山地区呈低背景分布,在好伊尔呼都格地区呈高背景分布,其余大部分呈背景分布。

预测工作区内元素异常套合较好的组合异常编号为 Z-1 至 Z-6,其中 Z-1、Z-2、Z-5 和 Z-6 的组合元素(或氧化物)有 Cr、Fe_2O_3、Co、Ni、Mn,多呈闭合圈状分布,Cr 元素具有明显的浓度分带和浓集中心;Z-3 和 Z-4 的组合元素(或氧化物)主要有 Cr、Fe_2O_3、Co,Cr 元素具有明显的浓度分带和浓集中心,Cr 异常范围较大。

四、预测工作区预测模型

根据预测工作区区域成矿要素和航磁、重力、遥感等信息,建立了本预测工作区的区域预测要素,并编制预测工作区预测要素图和预测模型图(图 5-3)。

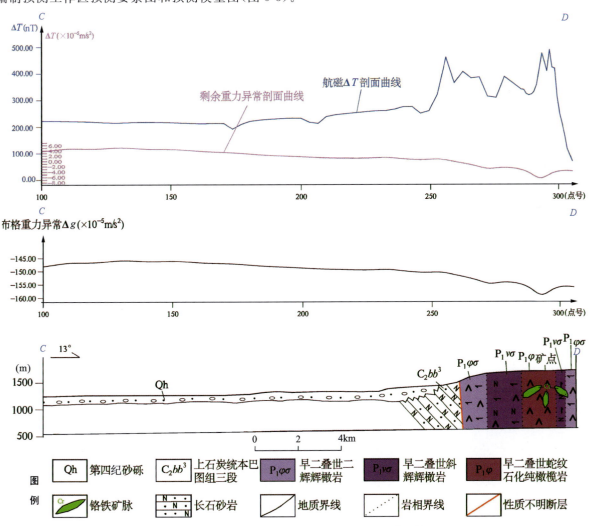

图 5-3 索伦山式侵入岩体型铬铁矿索伦山预测工作区模型图

区域预测要素图以区域成矿要素图为基础,综合研究重力、航磁、化探、遥感等综合致矿信息,总结区域预测要素表(表5-2),并将综合信息各专题异常曲线全部叠加在成矿要素图上,在表达时可以出单独预测要素如航磁的预测要素图。预测模型图以地质剖面图为基础,叠加区域航磁及重力剖面图而形成,简要表示预测要素内容及其相互关系,以及时空展布特征。

表5-2 索伦山式侵入岩体型铬铁矿索伦山预测工作区预测要素表

区域预测要素		描述内容	要素类别
地质环境	大地构造位置	一级大地构造单元为Ⅰ天山-兴蒙造山系,二级大地构造单元为Ⅰ-1大兴安岭弧盆系、Ⅰ-7索伦山-西拉木伦结合带和Ⅰ-8包尔汉图-温都尔庙弧盆系,三级大地构造单元为Ⅰ-1-6锡林浩特岩浆弧、Ⅰ-7-1索伦山蛇绿混杂岩带(Pz_2)、Ⅰ-8-2温都尔庙俯冲增生杂岩带和Ⅰ-8-3宝音图岩浆弧(Pz_2)	必要
	成矿区(带)	Ⅰ-4滨太平洋成矿域(叠加在古亚洲成矿域之上),Ⅱ-13大兴安岭成矿省,Ⅲ-7阿巴嘎-霍林河铬、铜(金)、锗、煤、天然碱、芒硝成矿带(Ym),Ⅲ-7-③索伦山-查干哈达庙铬、铜成矿亚带(Vm)	必要
	区域成矿类型及成矿期	侵入岩型;海西期	必要
控矿地质条件	赋矿地质体	出露地层为上石炭统本巴图组变质砂岩、板岩及中酸性凝灰岩;中二叠统哲斯组砾岩、砂岩、板岩及灰岩;超基性岩类(纯橄榄岩、辉石橄榄岩)	重要
	控矿侵入岩	超基性岩类(纯橄榄岩、辉石橄榄岩)	必要
	主要控矿构造	矿源层为海西中期超基性岩类;与成矿有关的侵入岩为海西中期索伦山岩体、布格岩体、乌珠尔岩体、平顶山岩体;超基性岩体受褶皱构造控制	重要
预测区矿点		成矿区(带)内有2个小型铬铁矿矿床和10个铬铁矿点	重要
物化探特征	重力	剩余重力起始值多在$(-150\sim20)\times10^{-5}$m/s²之间	重要
	航磁	航磁ΔT化极异常强度起始值多在0~600nT之间	重要
	化探	索伦山各岩体为成矿有利地段,在覆盖厚度小于1m,残积、坡积层中进行此项工作,目的是配合其他物探方法寻找铬铁矿。异常值在$(62\sim143)\times10^{-6}$之间	重要

第三节 矿产预测

一、综合地质信息定位预测

1. 变量提取及优选

根据典型矿床及预测工作区研究成果,进行综合信息预测要素提取,本次选择网格单元法作为预测单元,根据预测底图比例尺确定网格间距为1 500m×1 500m,图面网格间距为15mm×15mm。

(1)地质体:提取地质体块作为预测单元,其中包括一部分揭露岩体,它们在储量计算中降一级别。

预测单元面积最大者为 71.14 km²,最小者为 0.49km²。

预处理:对二辉辉橄岩、斜辉辉橄岩、蛇纹石化纯橄榄岩附近的第四系、中生界覆盖层进行揭露处理。

(2)重力异常极值 Δg 为 $-139.43 \times 10^{-5} \text{m/s}^2$、$-141.14 \times 10^{-5} \text{m/s}^2$。

(3)断层:提取与成矿有关的走向,即北东向、北北东向及北西向断裂,并做 1 000m(图上为 10mm)缓冲区。

(4)航磁推断断层:提取走向近北东向、北北东向的断裂,并做 1 000m(图上为 10mm)缓冲区。

(5)已知矿床、矿(化)点:有 12 个,即察汗胡勒矿床、索伦山矿床、乌珠尔三号矿床、巴润索伦矿点、巴音 301 矿点、两棵树矿点、巴音 104 矿点、桑根达来 209 矿点、桑根达来 206 矿点、桑根达来矿点、巴音查矿点、塔塔矿化点。进行投影变换,并做 1 000m(图上为 10mm)缓冲区,添加到图中。

(6)遥感:提取异常区即遥感最小预测区。

对地质体、断层、遥感环要素进行单元赋值时采用区的存在标志;化探、剩余重力、航磁化极则求起始值的加权平均值,在变量二值化时利用异常范围值人工输入变化区间。

2. 最小预测区圈定及优选

选择索伦山典型矿床所在的最小预测区为模型区,矿床位于索伦山模型区内,对最小预测区预测要素逐一确认,在 1:10 万底图上确认含矿地质体,综合信息异常等预测要素的具体平面位置,根据预测要素类别(必要的、重要的、一般的)、空间复合程度,筛选并确定进行定量预测的最小预测区(以下简称预测区)。

对典型矿床资源量参数进行研究,修改补充典型矿床预测模型,并估算典型矿床预测总资源量、含矿地质体预测深度。确切地反映预测要素的具体数据,对地质体的剥蚀程度、工程控制、延深等情况要求标明具体数据,对地质体和矿体的空间位置有确切关系的数据。预测工作区的目的层为二叠纪深绿黑褐色超基性岩,暗绿色蛇纹石化纯橄榄岩,斜辉辉橄岩,暗绿色、绿黑色二辉辉橄岩,尤其是该区的暗绿色蛇纹石化纯橄榄岩、斜辉辉橄岩与成矿关系最大。预测方法的确定:由于预测工作区内只有 12 个同预测类型的矿床、矿(化)点,故采用有模型预测工程进行预测,预测过程中先后采用了数量化理论Ⅲ、聚类分析、神经网络分析等方法进行空间评价,并采用人工对比预测要素,比照形成的色块图,最终确定采用聚类分析法作为本次工作的预测方法,圈定最小预测区分布图(图 5-4)。

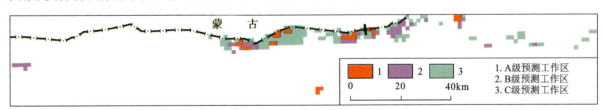

图 5-4 索伦山式侵入岩体型铬铁矿预测工作区预测单元分布图

3. 最小预测区圈定结果

本次工作共圈定预测工作区 29 个,其中 A 级最小预测区 7 个、B 级最小预测区 7 个、C 级最小预测区 15 个。最小预测区面积在 0.49~71.1km² 之间。圈定结果见表 5-3 和图 5-5。各级别面积分布合理,且已知矿床分布在 A 级预测区内,说明预测区优选分级原则较为合理;最小预测区圈定结果表明,预测工作区总体与区域成矿地质背景和高磁异常、剩余重力异常吻合程度较好,但与遥感铁染异常、铁族元素重砂异常吻合程度较差。

表 5-3 索伦山式侵入岩体型铬铁矿索伦山预测工作区预测成果表

序号	最小预测区编号	最小预测区名称
1	A1503204001	察汗胡勒
2	A1503204002	索伦山
3	A1503204003	两棵树
4	A1503204004	巴音查
5	A1503204005	桑根达来 206
6	A1503204006	乌珠尔三号
7	A1503204007	塔塔
8	B1503204001	买卖滚东
9	B1503204002	索伦敖包
10	B1503204003	桑根达来 209
11	B1503204004	乌珠尔舒布特北西
12	B1503204005	查干诺尔西
13	B1503204006	哈尔陶勒盖北西
14	B1503204007	阿拉腾洪格尔东
15	C1503204001	哈日格那东
16	C1503204002	沃尔滚北
17	C1503204003	沙日胡都格北
18	C1503204004	沙布格北东
19	C1503204005	桑根达来 209 北西
20	C1503204006	乌珠尔三号西
21	C1503204007	查干诺尔北西
22	C1503204008	巴彦敖包
23	C1503204009	多若图北西
24	C1503204010	多若图北东
25	C1503204011	扎干图南东
26	C1503204012	胡吉尔特北东
27	C1503204013	阿尔乌苏南
28	C1503204014	好伊尔呼都格北
29	C1503204015	巴音塔拉苏木

图 5-5 索伦山预测工作区最小预测区圈定结果图

4. 最小预测区地质评价

预测工作区为内蒙古高原的一部分,属内蒙古自治区巴彦淖尔市管辖,为半荒漠低缓丘陵区,海拔高度一般在1 100~1 400m之间,比高一般在20~100m。区内水系不发育,属大陆性气候,年降水量小于400mm。地形东高西低,为构造剥蚀堆积与山前荒漠戈壁和风沙区。自然环境十分恶劣,为沙漠和戈壁区,夏季炎热(最高39.3℃左右),冬季寒冷(-34.5℃),温差变化大,全年多风少雨。区内交通不便,劳动力缺乏,生产和生活用品均从外地调入。开采方式采用地上+地下开采为宜。各最小预测区成矿条件及找矿潜力见表5-4。

表5-4 索伦山式侵入岩体型铬铁矿索伦山最小预测区综合信息特征一览表

最小预测区编号	最小预测区名称	综合信息特征(航磁:nT,重力:$\times 10^{-5}m/s^2$)	评价
A1503204001	察汗胡勒	该预测区近北西向分布,有3个已知矿点及超基性岩分布,航磁异常300~800之间,剩余重力异常值在-148~-146之间	找矿潜力大
A1503204002	索伦山	该预测区近东西向分布,预测区内有1个小型矿床,见超基性岩分布,有磁异常显示,航磁化极异常在300~350之间,剩余重力异常值在-150~-152之间	找矿潜力大
A1503204003	两棵树	该预测区近北东向展布,见超基性岩分布,区内有两个矿点,预测区有磁异常显示,航磁化极异常值在450~600之间,剩余重力异常值在-154~-152之间	找矿潜力大
A1503204004	巴音查	该预测区地表见超基性岩分布,有1个矿点,航磁化极异常在250~300之间,剩余重力异常值在-158~-156之间	有一定的找矿前景
A1503204005	桑根达来206	该预测区近东西向展布,地表见超基性岩分布,区内有两个矿点,预测区有磁异常显示,航磁化极异常值在350~600之间,剩余重力异常值在-154~-152之间	找矿潜力大
A1503204006	乌珠尔三号	该预测区地表见超基性岩分布,区内有两个小型矿床、矿点,预测区有磁异常显示,航磁化极异常值在159~600之间,剩余重力异常值在-154~-150之间	找矿潜力大
A1503204007	塔塔	该预测区地表见超基性岩分布,有1个矿点,预测区有磁异常显示,航磁化极异常主要在200~250之间,剩余重力异常值主要在-152~-150之间。有北西向、北东向断裂通过	有一定的找矿前景
B1503204001	买卖滚东	该预测区东西向展布,地表见超基性岩分布,预测区有磁异常显示,航磁化极异常主要在350~450之间,剩余重力异常值主要在-142~-146之间	有一定的找矿前景
B1503204002	索伦敖包	该预测区东西向展布,地表见超基性岩分布,预测区有磁异常显示,航磁化极异常主要在500~1 000之间,剩余重力异常值主要在-150~-148之间。有北西向断裂通过	有一定的找矿前景
B1503204003	桑根达来209	该预测区近北东向展布,地表见超基性岩分布,预测区有磁异常显示,航磁化极异常在300~450之间,剩余重力异常值在-154~-152之间。有北东向、东西向断裂通过	有一定的找矿前景

续表 5-4

最小预测区编号	最小预测区名称	综合信息特征(航磁:nT,重力:×10^{-5}m/s²)	评价
B1503204004	乌珠尔舒布特北西	该预测区近北东向展布,地表见超基性岩分布,有磁异常显示,航磁化极异常主要在150~350之间,剩余重力异常值主要在-154~-152之间	有一定的找矿前景
B1503204005	查干诺尔西	该预测区近北东向展布,地表见超基性岩分布,有磁异常显示,航磁化极异常主要在100~200之间,剩余重力异常值主要在-154~-150之间	有一定的找矿前景
B1503204006	哈尔陶勒盖北西	该预测区呈椭圆状,地表见超基性岩零星分布,航磁化极异常主要在150~200之间,剩余重力异常值主要在-154~-152之间。有北东向断裂通过	有一定的找矿前景
B1503204007	阿拉腾洪格尔东	该预测区呈椭圆状,地表见超基性岩零星分布,航磁化极异常主要在300~400之间,剩余重力异常值主要在-152~-148之间	有一定的找矿前景
C1503204001	哈日格那东	该预测区近北西向展布,地表见超基性岩分布,有磁异常显示,航磁化极异常主要在250~400之间,剩余重力异常值主要在-150~-146之间。有北西向断裂通过	有一定的找矿前景
C1503204002	沃尔滚北	该预测区近北西向展布,地表见超基性岩分布,有磁异常显示,航磁化极异常主要在200~350之间,剩余重力异常值主要在-148~-146之间。有北西向、北北东向断裂通过	有一定的找矿前景
C1503204003	沙日胡都格北	该预测区近北东向展布,地表见超基性岩分布,有磁异常显示,航磁化极异常主要在350~600之间,剩余重力异常值主要在-152~-148之间	有一定的找矿前景
C1503204004	沙布格北东	该预测区近北西向展布,地表见超基性岩分布,有磁异常显示,航磁化极异常主要在200~250之间,剩余重力异常值主要在-154~-152之间。有北西向断裂通过	有一定的找矿前景
C1503204005	桑根达来209北西	该预测区近北东向展布,地表见超基性岩分布,有磁异常显示,航磁化极异常主要在200~600之间,剩余重力异常值主要在-154~-152之间。有北东向断裂通过	有一定的找矿前景
C1503204006	乌珠尔三号西	该预测区近北东向展布,地表见超基性岩分布,有磁异常显示,航磁化极异常主要在400~600之间,剩余重力异常值主要在-154~-150之间。有北西向断裂通过	有一定的找矿前景
C1503204007	查干诺尔北西	该预测区近北东向展布,地表见超基性岩分布,有磁异常显示,航磁化极异常主要在150~250之间,剩余重力异常值主要在-154~-150之间。有北西向断裂通过	有一定的找矿前景
C1503204008	巴彦敖包	该预测区近东西向展布,地表见超基性岩分布,有磁异常显示,航磁化极异常主要在200~300之间,剩余重力异常值主要在-154~-152之间。有北东向断裂通过	有一定的找矿前景

续表 5-4

最小预测区编号	最小预测区名称	综合信息特征（航磁:nT,重力:$\times 10^{-5}$m/s^2）	评价
C1503204009	多若图北西	该预测区近北东向展布,地表见超基性岩分布,有磁异常显示,航磁化极异常主要在150～250之间,剩余重力异常值主要在－154～－150之间。有北东向断裂通过	有一定的找矿前景
C1503204010	多若图北东	该预测区近北东向展布,地表见超基性岩分布,有磁异常显示,航磁化极异常主要在200～300之间,剩余重力异常值主要在－152～－150之间。有北东向断裂通过	有一定找矿前景
C1503204011	扎干图南东	该预测区呈椭圆状,地表见超基性岩零星分布,航磁化极异常主要在200～250之间,剩余重力异常值主要在－152～－150之间。有北东向断裂通过	有一定找矿前景
C1503204012	胡吉尔特北东	该预测区呈椭圆状,地表见超基性岩零星分布,航磁化极异常主要在100～150之间,剩余重力异常值主要在－150～－148之间	找矿前景差
C1503204013	阿尔乌苏南	该预测区近北西向展布,地表见超基性岩零星分布,航磁化极异常主要在100～300之间,剩余重力异常值主要在－150～－148之间	找矿前景差
C1503204014	好伊尔呼都格北	该预测区近东西向展布,地表见超基性岩零星分布,航磁化极异常在－50～100之间,剩余重力异常值在－150～－148之间有北西向断裂通过	找矿前景差
C1503204015	巴音塔拉苏木	该预测区北东向展布,地表见超基性岩零星分布,航磁化极异常主要在150～200之间,剩余重力异常值主要在－150～－148之间。有北东向断裂通过	找矿前景差

二、综合信息地质体积法估算资源量

（一）典型矿床深部及外围资源量估算

查明矿床小体重、最大延深、品位、资源量的依据来源于内蒙古自治区地质局205地质队1963年12月编写的《内蒙古自治区巴彦淖尔盟乌拉特中后联合旗索伦山地区超基性岩铬铁矿详细普查评价地质报告》。矿床面积（$S_{典}$）是根据1:2 000索伦山铬铁矿察汗奴鲁主矿区地质图圈定（图5-6），在MapGIS软件下读取数据。图5-7为察汗奴鲁矿区主矿床13勘探线地质剖面图,矿床最大延深（即勘探深度）依据其资料为194m,具体数据见表5-5。

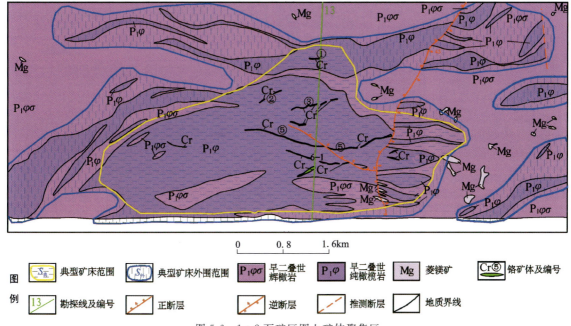

图 5-6 1∶2 万矿区图上矿体聚集区

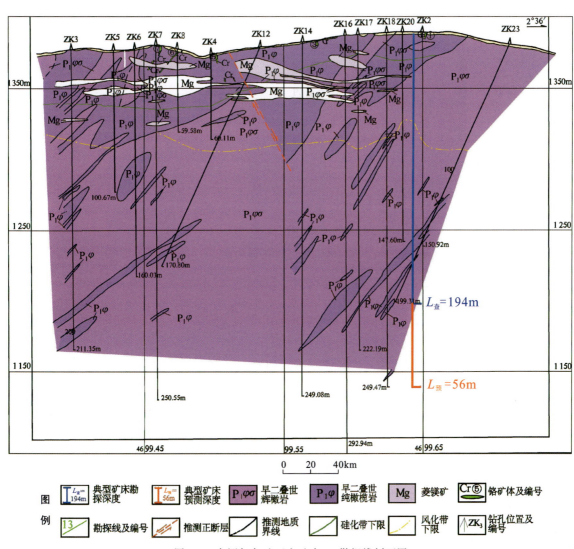

图 5-7 察汗奴鲁矿区主矿床 13 勘探线剖面图

表 5-5 索伦山铬铁矿典型矿床深部及外围资源量估算一览表

典型矿床		深部及外围		
已查明资源量($\times 10^4$ t)	10.770	深部	面积(m^2)	110 862
面积(m^2)	110 862		深度(m)	50
延深(m)	194	外围	面积(m^2)	515 594.60
品位(%)	20～30		深度(m)	437
体重(t/m^3)	3.5	预测资源量($\times 10^4$ t)		70.345
体积含矿率(kg/m^3)	0.000 004 6	典型矿床资源总量($\times 10^4$ t)		215.745

(二)模型区的确定、资源量及估算参数

索伦山典型矿床位于索伦山模型区内,有1个小型矿床,查明资源量10.770×10^4 t,按本次预测技术要求估算模型区资源总量为30.070×10^4 t;依托 MRAS 软件采用少模型工程神经网络法优选后圈定,模型区延深与典型矿床一致;模型区含矿地质体面积与模型区面积一致,因此含矿地质体面积参数为1。由此计算含矿地质体含矿系数表(表5-6)。

表 5-6 索伦山式侵入岩体型铬铁矿模型区预测资源量及其估算参数表

编号	名称	模型区预测资源量($\times 10^4$ t)	模型区面积(m^2)	延深(m)	含矿地质体面积(m^2)	含矿地质体面积参数	含矿地质体含矿系数(t/m^3)
A1503204002	索伦山	30.070	3 259 967	250	3 259 967	1	0.000 000 37

(三)最小预测区预测资源量估算结果

本次预测资源量为232.865×10^4 t,预测工作区查明资源量75.170×10^4 t,详见表5-7。

表 5-7 索伦山式侵入岩体型铬铁矿索伦山预测工作区最小预测区估算成果表

最小预测区编号	最小预测区名称	$S_{预}$ (km²)	$H_{预}$ (m)	Ks	K (t/m^3)	α	$Z_{查}$ ($\times 10^4$ t)	$Z_{预}$ ($\times 10^4$ t)	资源量级别
A1503204001	察汗胡勒	4.91	250	1	0.000 000 37	0.30	54.900	13.544	334-1
A1503204002	索伦山	3.26	250	1	0.000 000 37	1.00	10.770	19.300	334-1
A1503204003	两棵树	6.68	250	1	0.000 000 37	0.30	—	18.545	334-1
A1503204004	巴音查	0.83	250	1	0.000 000 37	0.30	—	2.295	334-1
A1503204005	桑根达来206	4.09	250	1	0.000 000 37	0.30	—	11.358	334-1
A1503204006	乌珠尔三号	3.04	250	1	0.000 000 37	0.30	9.500	8.406	334-1

续表 5-7

最小预测区编号	最小预测区名称	$S_{预}$ (km²)	$H_{预}$ (m)	K_s	K (t/m³)	α	$Z_{查}$ (×10⁴t)	$Z_{预}$ (×10⁴t)	资源量级别
A1503204007	塔塔	2.10	200	1	0.000 000 37	0.30	—	4.662	334-1
B1503204001	买卖滚东	4.09	250	1	0.000 000 37	0.15		5.679	334-2
B1503204002	索伦敖包	18.02	250	1	0.000 000 37	0.15		25.006	334-2
B1503204003	桑根达来209	13.65	250	1	0.000 000 37	0.15	—	18.933	334-2
B1503204004	乌珠尔舒布特北西	1.18	250	1	0.000 000 37	0.15		1.631	334-2
B1503204005	查干诺尔西	8.14	150	1	0.000 000 37	0.15		6.773	334-2
B1503204006	哈尔陶勒盖北西	0.49	100	1	0.000 000 37	0.15		0.274	334-2
B1503204007	阿拉腾洪格尔东	0.95	100	1	0.000 000 37	0.15		0.526	334-2
C1503204001	哈日格那东	6.53	250	1	0.000 000 37	0.10		6.041	334-3
C1503204002	沃尔滚北	2.35	180	1	0.000 000 37	0.10		1.567	334-3
C1503204003	沙日胡都格北	71.14	250	1	0.000 000 37	0.10	—	65.802	334-3
C1503204004	沙布格北东	1.11	250	1	0.000 000 37	0.10		1.027	334-3
C1503204005	桑根达来209北西	5.10	250	1	0.000 000 37	0.10		4.717	334-3
C1503204006	乌珠尔三号西	6.78	150	1	0.000 000 37	0.10		3.763	334-3
C1503204007	查干诺尔北西	9.48	150	1	0.000 000 37	0.10		5.262	334-3
C1503204008	巴彦敖包	6.99	150	1	0.000 000 37	0.10		3.880	334-3
C1503204009	多若图北西	3.37	70	1	0.000 000 37	0.10		0.872	334-3
C1503204010	多若图北东	2.75	150	1	0.000 000 37	0.10		1.527	334-3
C1503204011	扎干图南东	0.53	70	1	0.000 000 37	0.10		0.137	334-3
C1503204012	胡吉尔特北东	0.60	70	1	0.000 000 37	0.10		0.154	334-3
C1503204013	阿尔乌苏南	1.98	70	1	0.000 000 37	0.10		0.514	334-3
C1503204014	好伊尔呼都格北	1.49	70	1	0.000 000 37	0.10	—	0.385	334-3
C1503204015	巴音塔拉苏木	1.10	70	1	0.000 000 37	0.10		0.285	334-3
合计							751.70	2 328.65	

说明：其中A1503204001预测资源量计算面积为最小预测区的面积减去该区矿体面积（长305m，宽86m），A1503204006预测资源量计算面积为最小预测区的面积减去该区矿体面积（长80m，宽75m）。根据内蒙古自治区矿产资源储量表。

（四）最小预测区资源量可信度估计

根据《预测资源量估算技术要求》(2010年补充)可信度划分标准，针对每个最小预测区评价其可信度，预测资源量可信度估计概率≥0.75的有78.11×10⁴t，均为334-1级别；≥0.5的334-1级别有78.11×10⁴t，334-2级别有58.822×10⁴t，334-3级别有94.458×10⁴t；≥0.25的334-1级别有78.11×10⁴t，334-2级别有58.822×10⁴t，334-3级别有95.932×10⁴t（表5-8）。

表 5-8 索伦山式侵入岩体型铬铁矿预测工作区最小预测区预测资源量可信度统计表

最小预测区编号	最小预测区名称	经度	纬度	面积 可信度	面积 依据	延深 可信度	延深 依据	含矿系数 可信度	含矿系数 依据	资源量综合 可信度	资源量综合 依据
A1503204001	察汗胡勒	108°46′11″	42°23′54″	0.80	地质建造、矿点物化探	0.80	地质建造	0.80		0.90	地质建造、矿点、物化探
A1503204002	索伦山	108°55′32″	42°23′56″	0.90	地质建造、矿点物化探	0.90	钻孔	0.90		0.90	地质建造、矿点、物化探
A1503204003	两棵树	108°58′20″	42°26′08″	0.80	地质建造、矿点、物化探	0.80	地质建造	0.80		0.90	地质建造、矿点、物化探
A1503204004	巴音查	109°08′60″	42°14′14″	0.75	地质建造、矿点物化探	0.75	地质建造	0.80		0.80	地质建造、矿点、物化探
A1503204005	桑根达来206	109°17′41″	42°25′11″	0.80	地质建造、矿点、物化探	0.80	地质建造	0.75		0.80	地质建造、矿点、物化探
A1503204006	乌珠尔三号	109°24′28″	42°26′25″	0.80	地质建造、矿点、物化探	0.80	地质建造	0.75		0.80	地质建造、矿点、物化探
A1503204007	塔塔	109°49′38″	42°29′08″	0.80	地质建造、矿点、物化探	0.80	地质建造	0.75		0.75	地质建造、矿点、物化探
B1503204001	买卖滚东	107°42′53″	42°18′49″	0.60	地质建造、物化探	0.70	地质建造	0.70		0.70	地质建造、物化探
B1503204002	索伦敖包	108°48′28″	42°23′52″	0.60	地质建造、物化探	0.70	地质建造	0.70		0.70	地质建造、物化探
B1503204003	桑根达来209	109°19′46″	42°25′18″	0.60	地质建造、物化探	0.70	地质建造	0.70		0.70	地质建造、物化探
B1503204004	乌珠尔舒布特北西	109°25′04″	42°25′55″	0.60	地质建造、物探	0.70	地质建造	0.70		0.70	地质建造、物探
B1503204005	查干诺尔西	109°30′58″	42°26′45″	0.60	地质建造、物探	0.70	地质建造	0.70		0.70	地质建造、物探
B1503204006	哈尔陶勒盖北西	109°49′31″	42°27′27″	0.60	地质建造、物化探	0.70	地质建造	0.70		0.60	地质建造、物化探
B1503204007	阿拉腾洪格尔东	109°57′53″	42°23′08″	0.60	地质建造、物探	0.70	地质建造	0.60		0.60	地质建造、物探
C1503204001	哈日格那东	108°41′38″	42°24′44″	0.50	地质建造、物探	0.65	地质建造	0.50	模型区	0.60	地质建造、物探
C1503204002	沃尔滚北	108°42′48″	42°23′04″	0.50	地质建造、物探	0.65	地质建造	0.50		0.60	地质建造、物探
C1503204003	沙日胡都格北	108°58′52″	42°25′08″	0.50	地质建造、物探	0.65	地质建造	0.50		0.60	地质建造、物探
C1503204004	沙布格北东	109°09′28″	42°26′39″	0.50	地质建造、物化探	0.65	地质建造	0.50		0.60	地质建造、物化探
C1503204005	桑根达来209北西	109°11′09″	42°25′34″	0.50	地质建造、物化探	0.65	地质建造	0.50		0.60	地质建造、物化探
C1503204006	乌珠尔三号西	109°23′06″	42°26′02″	0.50	地质建造、物探	0.65	地质建造	0.50		0.60	地质建造、物探
C1503204007	查干诺尔北西	109°32′10″	42°28′04″	0.50	地质建造、物探	0.65	地质建造	0.50		0.60	地质建造、物探
C1503204008	巴彦敖包	109°32′25″	42°25′18″	0.50	地质建造、物探	0.65	地质建造	0.50		0.60	地质建造、物探
C1503204009	多若图北西	109°35′59″	42°27′51″	0.50	地质建造、物探	0.65	地质建造	0.50		0.60	地质建造、物探
C1503204010	多若图北东	109°38′41″	42°29′29″	0.50	地质建造、物化探	0.65	地质建造	0.50		0.60	地质建造、物化探
C1503204011	扎干图南东	109°53′26″	42°24′39″	0.60	地质建造、物探	0.65	地质建造	0.50		0.45	地质建造、物探
C1503204012	胡吉尔特北东	110°04′37″	42°24′34″	0.60	地质建造、物探	0.65	地质建造	0.50		0.45	地质建造、物探
C1503204013	阿尔乌苏南	110°07′38″	42°25′03″	0.60	地质建造、物探	0.65	地质建造	0.50		0.45	地质建造、物探
C1503204014	好伊尔呼都格北	110°13′21″	42°23′20″	0.60	地质建造、物探	0.65	地质建造	0.50		0.45	地质建造、物探
C1503204015	巴音塔拉苏木	110°28′55″	42°25′50″	0.60	地质建造、物探	0.65	地质建造	0.50		0.45	地质建造、物探

(五)预测区级别划分

依据最小预测区地质矿产、物探及遥感异常等综合特征,并结合资源量估算和预测区优选结果,将最小预测区划分为 A 级、B 级和 C 级 3 个等级,其预测资源量分别为 78.11×10^4 t、58.822×10^4 t 和 95.932×10^4 t。详见表 5-9。

表 5-9 索伦山式侵入岩体型铬铁矿最小预测区预测级别分类统计表

最小预测区编号	最小预测区名称	级别	资源量($\times10^4$ t)
A1503204001	察汗胡勒	A 级	13.544
A1503204002	索伦山	A 级	19.300
A1503204003	两棵树	A 级	18.545
A1503204004	巴音查	A 级	2.295
A1503204005	桑根达来 206	A 级	11.358
A1503204006	乌珠尔三号	A 级	8.406
A1503204007	塔塔	A 级	4.662
A 级区储量累计			**78.110**
B1503204001	买卖滚东	B 级	5.679
B1503204002	索伦敖包	B 级	25.006
B1503204003	桑根达来 209	B 级	18.933
B1503204004	乌珠尔舒布特北西	B 级	1.631
B1503204005	查干诺尔西	B 级	6.773
B1503204006	哈尔陶勒盖北西	B 级	0.274
B1503204007	阿拉腾洪格尔东	B 级	0.526
B 级区储量累计			**58.822**
C1503204001	哈日格那东	C 级	6.041
C1503204002	沃尔滚北	C 级	1.567
C1503204003	沙日胡都格北	C 级	65.802
C1503204004	沙布格北东	C 级	1.027
C1503204005	桑根达来 209 北西	C 级	4.717
C1503204006	乌珠尔三号西	C 级	3.763
C1503204007	查干诺尔北西	C 级	5.262

续表 5-9

最小预测区编号	最小预测区名称	级别	资源量($\times 10^4$ t)
C1503204008	巴彦敖包	C 级	3.880
C1503204009	多若图北西	C 级	0.872
C1503204010	多若图北东	C 级	1.527
C1503204011	扎干图南东	C 级	0.137
C1503204012	胡吉尔特北东	C 级	0.154
C1503204013	阿尔乌苏南	C 级	0.514
C1503204014	好伊尔呼都格北	C 级	0.385
C1503204015	巴音塔拉苏木	C 级	0.285
B 级区储量累计			**95.932**

根据资源量估算结果和预测工作区优选结果，进行最小预测区级别划分，根据典型矿床及预测工作区研究，确定划分原则如下。

A 级：有出露含矿地质体＋物探异常＋已知矿床＋断层缓冲区或有出露地质体＋北东向断层缓冲区。

B 级：有出露含矿地质体＋物探异常或有出露含矿地质体＋断层（或超基性岩）缓冲区或推断含矿地质体。

C 级：出露含矿地质体的上部层位＋物探异常。

（六）预测工作区资源总量成果汇总

1. 按精度

依据资源量级别划分标准，可划分为 334-1、334-2、334-3 三个资源量精度级别，各级别资源量见表 5-10。

表 5-10　索伦山式侵入岩体型铬铁矿预测工作区预测资源量精度统计表

预测工作区编号	预测工作区名称	精度($\times 10^4$ t)		
		334-1	334-2	334-3
1503204001	索伦山式侵入岩体型铬铁矿索伦山预测工作区	78.11	58.822	95.932

2. 按深度

根据各最小预测区内含矿地质体（地层、侵入岩及构造）特征，预测深度在 70～250m 之间，其资源量按预测深度统计结果见表 5-11。

表 5-11　索伦山式侵入岩体型铬铁矿预测工作区预测资源量深度统计表　　单位：$\times 10^4$ t

预测工作区编号	预测工作区名称	500m 以浅			1 000m 以浅			2 000m 以浅		
		334-1	334-2	334-3	334-1	334-2	334-3	334-1	334-2	334-3
1503204001	索伦山式侵入岩体型铬铁矿索伦山预测工作区	78.110	58.822	95.932	78.110	58.822	95.932	78.110	58.822	95.932
		总计：232.865			总计：232.865			总计：232.865		

3. 按矿产预测类型

其矿产预测方法类型为侵入岩体型,预测类型为侵入岩体型,其资源量统计结果见表 5-12。

表 5-12 索伦山式侵入岩体型铬铁矿预测工作区预测资源量矿产预测方法类型统计表

预测工作区编号	预测工作区名称	侵入岩体型($\times 10^4$ t)		
		334-1	334-2	334-3
1503204001	索伦山式侵入岩体型铬铁矿	78.11	58.822	95.932

4. 按可利用性类别

主要依据:深度可利用性(500m、1 000m、2 000m);当前开采经济条件可利用性;矿石可选性;外部交通水电环境可利用性;按权重进行取数估算(表 5-13)。

上述 4 项之和≥60%,则为可利用;4 项之和<60%,则为暂不可利用。最小预测区可利用性统计结果见表 5-13,预测工作区资源量可利用性统计结果见表 5-14。

表 5-13 索伦山式侵入岩体型铬铁矿预测工作区最小预测区预测资源量可利用性统计表

最小预测区编号	最小预测区名称	深度	开采经济条件	矿石可选性	自然地理交通	综合权重指数
A1503204001	察汗胡勒	0.3	0.4	0.12	0.04	0.86
A1503204002	索伦山	0.3	0.4	0.12	0.04	0.86
A1503204003	两棵树	0.3	0.28	0.12	0.04	0.74
A1503204004	巴音查	0.3	0.28	0.12	0.04	0.74
A1503204005	桑根达来 206	0.3	0.28	0.12	0.04	0.74
A1503204006	乌珠尔三号	0.3	0.4	0.12	0.04	0.86
A1503204007	塔塔	0.3	0.28	0.12	0.04	0.74
B1503204001	买卖滚东	0.3	0.12	0.12	0.04	0.58
B1503204002	索伦敖包	0.3	0.12	0.12	0.04	0.58
B1503204003	桑根达来 209	0.3	0.12	0.12	0.04	0.58
B1503204004	乌珠尔舒布特北西	0.3	0.12	0.12	0.04	0.58
B1503204005	查干诺尔西	0.3	0.12	0.12	0.04	0.58
B1503204006	哈尔陶勒盖北西	0.3	0.12	0.12	0.04	0.58
B1503204007	阿拉腾洪格尔东	0.3	0.12	0.12	0.04	0.58
C1503204001	哈日格那东	0.3	0.12	0.12	0.04	0.58
C1503204002	沃尔滚北	0.3	0.12	0.12	0.04	0.58
C1503204003	沙日胡都格北	0.3	0.12	0.12	0.04	0.58
C1503204004	沙布格北东	0.3	0.12	0.12	0.04	0.58
C1503204005	桑根达来 209 北西	0.3	0.12	0.12	0.04	0.58

续表 5-13

最小预测区编号	最小预测区名称	深度	开采经济条件	矿石可选性	自然地理交通	综合权重指数
C1503204006	乌珠尔三号西	0.3	0.12	0.12	0.04	0.58
C1503204007	查干诺尔北西	0.3	0.12	0.12	0.04	0.58
C1503204008	巴彦敖包	0.3	0.12	0.12	0.04	0.58
C1503204009	多若图北西	0.3	0.12	0.12	0.04	0.58
C1503204010	多若图北东	0.3	0.12	0.12	0.04	0.58
C1503204011	扎干图南东	0.3	0.12	0.12	0.04	0.58
C1503204012	胡吉尔特北东	0.3	0.12	0.12	0.04	0.58
C1503204013	阿尔乌苏南	0.3	0.12	0.12	0.04	0.58
C1503204014	好伊尔呼都格北	0.3	0.12	0.12	0.04	0.58
C1503204015	巴音塔拉苏木	0.3	0.12	0.12	0.04	0.58

表 5-14 索伦山式侵入岩体型铬铁矿预测工作区预测资源量可利用性统计表

预测工作区编号	预测工作区名称	可利用($\times 10^4$t)			暂不可利用($\times 10^4$t)		
		334-1	334-2	334-3	334-1	334-2	334-3
1503204001	索伦山式侵入岩体型铬铁矿	78.110				58.822	95.932
		总计:78.110			总计:154.754		

5. 按可信度统计分析

索伦山式侵入岩体型铬铁矿预测工作区预测资源量可信度统计结果见表5-15。预测资源量可信度估计概率≥0.75的有78.11×10⁴t,均为334-1级别;≥0.5的334-1级别有78.11×10⁴t,334-2级别有58.822×10⁴t,334-3级别有94.458×10⁴t;≥0.25的334-1级别有78.11×10⁴t,334-2级别有58.822×10⁴t,334-3级别有95.932×10⁴t。

表 5-15 索伦山式侵入岩体型铬铁矿预测工作区预测资源量可信度统计表　　　　单位:$\times 10^4$t

预测工作区编号	预测工作区名称	≥0.75			≥0.5			≥0.25		
		334-1	334-2	334-3	334-1	334-2	334-3	334-1	334-2	334-3
1503204001	索伦山式侵入岩体型铬铁矿	78.110			78.110	58.822	94.458	78.11	58.822	95.932

第六章 铬铁矿资源总量潜力分析

第一节 铬铁矿资源现状

一、全区铬铁矿已查明资源储量分析

至2010年底,全区铬铁矿床(点)数目为39个,全区累计查明铬铁矿金属资源储量为288.606×10^4t。

全区以铬铁矿为主的39处矿产地中,查明资源储量规模达中型的有1处,矿石资源储量145.4×10^4t;达小型的有4处,矿石资源储量为116.892×10^4t。

内蒙古自治区各矿产预测类型已查明的铬铁矿床(点)资源量见表6-1。

表6-1 全区铬铁矿床(点)已查明资源量一览表

矿产地编号	矿种	矿产地名	地理经度	地理纬度	主矿产矿床规模	主矿产储量($\times10^4$t)
152502001	铬铁矿	赫格敖拉3756	116°16′48″	44°50′50″	中型矿床	145.400
150824016	铬铁矿	索伦山	108°55′20″	42°25′30″	小型矿床	10.770
150425026	铬铁矿	二道沟	117°58′01″	43°04′23″	小型矿床	25.600
150425071	铬铁矿	柯单山	117°12′51″	43°06′18″	小型矿床	25.622
150824015	铬铁矿	察汗胡勒	108°46′01″	42°24′31″	小型矿床	54.900
150223015	铬铁矿	乌珠尔	109°24′25″	42°26′20″	矿点	9.500
152923009	铬铁矿	百合山	98°04′29″	42°27′45″	矿点	8.600
152502002	铬铁矿	赫格敖拉620	116°15′36″	44°48′46″	矿点	6.600
152221015	铬铁矿	呼和哈达	121°12′39″	46°20′01″	矿点	1.260
152502003	铬铁矿	赫白区	116°26′41″	44°51′38″	矿点	0.300
152524502	铬铁矿	武艺台	112°45′47″	42°26′50″	矿点	0.053
150223521	铬铁矿	哈拉哈达	113°00′00″	42°54′11″	矿点	0
150223535	铬铁矿	塔塔	109°49′22″	42°29′14″	矿点	0
152221516	铬铁矿	乌兰吐	122°38′48″	46°06′05″	矿点	0

续表6-1

矿产地编号	矿种	矿产地名	地理经度	地理纬度	主矿产矿床规模	主矿产储量($\times 10^4$t)
152223506	铬铁矿	沙日格台	122°08′01″	46°44′50″	矿点	0
152223507	铬铁矿	东芒和屯	122°08′46″	46°42′39″	矿点	0
152502503	铬铁矿	朝克乌拉	11°616′52″	44°49′01″	矿点	0
152502504	铬铁矿	朝根山	116°25′50″	44°37′00″	矿点	0
152502508	铬铁矿	贺白区	116°23′19″	44°52′29″	矿点	0
152523502	铬铁矿	沙达嘎庙	112°22′15″	43°55′00″	矿点	0
152523503	铬铁矿	阿尔登格勒庙	112°30′00″	43°45′00″	矿点	0
152524504	铬铁矿	图林凯	113°09′50″	42°25′00″	矿点	0
152526506	铬铁矿	梅劳特乌拉	118°14′35″	44°50′13″	矿点	0
152526509	铬铁矿	乌斯尼黑	117°09′51″	44°55′05″	矿点	0
152526511	铬铁矿	窝棚特	119°05′16″	45°15′23″	矿点	0
152527503	铬铁矿	东井子	114°57′20″	41°43′30″	矿点	0
152825509	铬铁矿	两棵树	108°56′55″	42°25′52″	矿点	0
152825510	铬铁矿	桑根达来	108°56′30″	42°07′30″	矿点	0
152825803	铬铁矿	巴音	108°48′17″	42°23′14″	矿点	0
152825804	铬铁矿	巴润索伦	108°46′00″	42°24′00″	矿点	0
152826511	铬铁矿	巴音查	109°09′00″	42°14′14″	矿点	0
152921506	铬铁矿	巴音浩特	106°20′20″	39°07′00″	矿点	0
152921550	铬铁矿	查干础鲁	104°56′33″	40°45′03″	矿点	0
152923535	铬铁矿	洗肠井	99°37′43″	41°14′39″	矿点	0
152923557	铬铁矿	旱山南	99°11′54″	41°32′54″	矿点	0
152923558	铬铁矿	小黄山	99°19′51″	41°31′10″	矿点	0
152923559	铬铁矿	小尘包	99°22′50″	41°31′41″	矿点	0
152923829	铬铁矿	白云山	98°24′30″	41°34′48″	矿化点	0
152502506	铬铁矿	贺根山	116°30′00″	45°00′00″	矿点	0
全区铬铁矿已探明资源总量						288.606

资料来源：《截止于2010年底内蒙古自治区矿产资源储量表》及矿产地数据库。

二、全区铬铁矿预测资源量分析

全区铬铁矿种共划分了6个预测工作区,预测工作区总面积约$4.21\times10^4 km^2$,总计圈定出91个最小预测区,铬铁矿预测资源量为$878.435\times10^4 t$,6个预测工作区内已查明资源量为$254.353\times10^4 t$,预测资源量约为查明资源量的3.5倍(表6-2)。查明资源量与预测资源量数量比较合理,可信度较高。

表6-2 全区铬单矿种预测工作区预测及查明资源量表　　　　　　　　　　单位:$\times10^4 t$

预测工作区编号	预测工作区名称	总计	区内已探明资源量
1503201001	呼和哈达式侵入岩体型铬铁矿乌兰浩特预测工作区	4.613	1.261
1503202001	柯单山式侵入岩体型铬铁矿柯单山预测工作区	68.133	25.622
1503203001	赫格敖拉式侵入岩体型铬铁矿二连浩特北部预测工作区	39.337	0
1503203002	赫格敖拉式侵入岩体型铬铁矿浩雅尔洪格尔预测工作区	517.482	152.300
1503203003	赫格敖拉式侵入岩体型铬铁矿哈登胡硕预测工作区	16.005	0
1503204001	索伦山式侵入岩体型铬铁矿索伦山预测工作区	232.865	75.170
铬铁矿预测资源量合计		878.435	254.353

第二节　铬铁矿预测资源量潜力分析

一、按方法

本次铬铁矿预测资源量共获得$878.435\times10^4 t$(表6-3)。

表6-3 全区铬铁矿预测资源量按方法汇总表

预测工作区编号	预测工作区名称	总计($\times10^4 t$)	采用预测方法
1503201001	呼和哈达式侵入岩体型铬铁矿乌兰浩特预测工作区	4.613	地质体积参数法
1503202001	柯单山式侵入岩体型铬铁矿柯单山预测工作区	68.133	地质体积参数法
1503203001	赫格敖拉式侵入岩体型铬铁矿二连浩特北部预测工作区	39.337	地质体积参数法
1503203002	赫格敖拉式侵入岩体型铬铁矿浩雅尔洪格尔预测工作区	517.482	地质体积参数法
1503203003	赫格敖拉式侵入岩体型铬铁矿哈登胡硕预测工作区	16.005	地质体积参数法
1503204001	索伦山式侵入岩体型铬铁矿索伦山预测工作区	232.865	地质体积参数法
铬铁矿预测资源量合计		878.435	

二、按精度

按精度划分,本次预测工作共获得334-1级资源量220.11×10⁴t,334-2级资源量443.196×10⁴t,334-3级资源量215.129×10⁴t(表6-4,图6-1)。

表6-4 全区铬铁矿预测资源量精度统计表　　　　　　　　　　　　单位:×10⁴t

预测工作区编号	预测工作区名称	精度			总计
		334-1	334-2	334-3	
1503201001	呼和哈达式侵入岩体型铬铁矿乌兰浩特预测工作区	2.132	0.823	1.658	4.613
1503202001	柯单山式侵入岩体型铬铁矿柯单山预测工作区	55.431	0	12.702	68.133
1503203001	赫格敖拉式侵入岩体型铬铁矿二连浩特北部预测工作区	0	10.739	28.598	39.337
1503203002	赫格敖拉式侵入岩体型铬铁矿浩雅尔洪格尔预测工作区	84.437	371.231	61.814	517.482
1503203003	赫格敖拉式侵入岩体型铬铁矿哈登胡硕预测工作区	0	1.581	14.424	16.005
1503204001	索伦山式侵入岩体型铬铁矿索伦山预测工作区	78.11	58.822	95.933	232.865
	总计	**220.11**	**443.196**	**215.129**	**878.435**

注:表中数据不含已查明资源量。

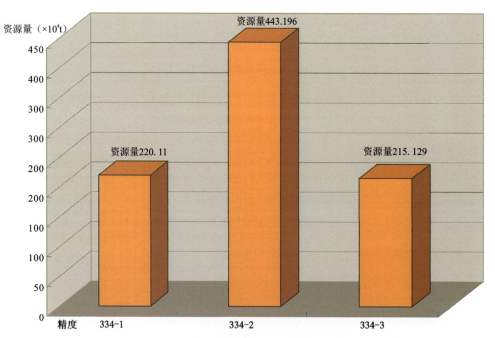

图6-1 全区铬铁矿预测资源量按精度统计图

三、按深度

按预测工作区不同深度进行统计,500m 以浅、1 000m 以浅、2 000m 以浅预测资源量均为 878.435×10^{4}t;预测工作区范围内已探明资源量为 254.352 8×10^{4}t;总量为 2 000m 以浅总计资源量和已探明资源量之和,为 1 132.787 8×10^{4}t(表 6-5,图 6-2)。

表 6-5 全区铬铁矿预测资源量按深度统计表　　　　　　　　　　单位:×10^{4}t

预测工作区编号	预测工作区名称	500m 以浅				1 000m 以浅				2 000m 以浅				已探明	总量
		334-1	334-2	334-3	总计	334-1	334-2	334-3	总计	334-1	334-2	334-3	总计		
1503201001	呼和哈达式侵入岩体型铬铁矿乌兰浩特预测工作区	2.132	0.823	1.658	4.613	2.132	0.823	1.658	4.613	2.132	0.823	1.658	4.613	1.261	5.874
1503202001	柯单山式侵入岩体型铬铁矿柯单山预测工作区	55.431	0	12.702	68.133	55.431	0	12.702	68.133	55.431	0	12.702	68.133	25.622	93.755
1503203001	赫格敖拉式侵入岩体型铬铁矿二连浩特北部预测工作区	0	10.739	28.598	39.337	0	10.739	28.598	39.337	0	10.739	28.598	39.337	0	39.337
1503203002	赫格敖拉式侵入岩体型铬铁矿浩雅尔洪格尔预测工作区	84.437	371.231	61.814	517.482	84.437	371.231	61.814	517.482	84.437	371.231	61.814	517.482	152.300	669.782
1503203003	赫格敖拉式侵入岩体型铬铁矿哈登胡硕预测工作区	0	1.581	14.424	16.005	0	1.581	14.424	16.005	0	1.581	14.424	16.005	0	16.005
1503204001	索伦山式侵入岩体型铬铁矿索伦山预测工作区	78.110	58.822	95.933	232.865	78.110	58.822	95.933	232.865	78.11	58.822	95.933	232.865	75.170 2	308.035 2
总计					878.435				878.435				878.435	254.352 8	1 132.787 4

注:1 000m 以浅预测资源量含 500m 以浅预测资源量;2 000m 以浅预测资源量含 1 000m 以浅预测资源量。

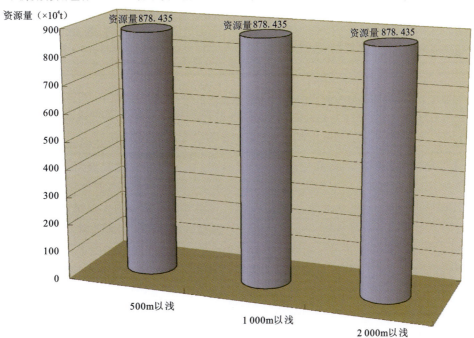

图 6-2 全区铬铁矿预测资源量按深度统计图

四、按预测方法类型

按照预测方法类型进行统计,全区铬铁矿均用侵入岩体型预测方法进行预测,总量为 878.435×10^4 t (表 6-6,图 6-3)。

表 6-6 全区铬铁矿预测资源量按预测方法类型统计表

预测工作区编号	预测工作区名称	侵入岩体型($\times10^4$ t)			
		334-1	334-2	334-3	总计
1503201001	呼和哈达式侵入岩体型铬铁矿乌兰浩特预测工作区	2.132	0.823	1.658	4.613
1503202001	柯单山式侵入岩体型铬铁矿柯单山预测工作区	55.431	0	12.702	68.133
1503203001	赫格敖拉式侵入岩体型铬铁矿二连浩特北部预测工作区	0	10.739	28.598	39.337
1503203002	赫格敖拉式侵入岩体型铬铁矿浩雅尔洪格尔预测工作区	84.437	371.231	61.814	517.482
1503203003	赫格敖拉式侵入岩体型铬铁矿哈登胡硕预测工作区	0	1.581	14.424	16.005
1503204001	索伦山式侵入岩体型铬铁矿索伦山预测工作区	78.11	58.822	95.933	232.865
	总计	220.11	443.196	215.129	878.435

注:表中数据不含已查明资源量。

五、按可利用性类别

根据深度、当前开采经济条件、矿石可选性、外部交通水电环境等条件的可利用性,内蒙古自治区铬铁矿预测资源量中可利用资源量约 710.978×10^4 t,不可利用资源量约 167.457×10^4 t(表 6-7,图 6-4)。

表 6-7 全区铬铁矿资源量按可利用性分类一览表　　　　　　单位:$\times10^4$ t

预测工作区编号	预测工作区名称	可利用				暂不可利用				总量
		334-1	334-2	334-3	总计	334-1	334-2	334-3	总计	
1503201001	呼和哈达式侵入岩体型铬铁矿乌兰浩特预测工作区	21.32	8.23	16.58	46.13	0	0	0	0	46.13
1503202001	柯单山式侵入岩体型铬铁矿柯单山预测工作区	554.31	0	0	554.31	0	0	127.02	127.02	681.33

续表 6-7

预测工作区编号	预测工作区名称	可利用				暂不可利用				总量
		334-1	334-2	334-3	总计	334-1	334-2	334-3	总计	
1503203001	赫格敖拉式侵入岩体型铬铁矿二连浩特北部预测工作区	0	107.39	285.98	393.37	0	0	0	0	393.37
1503203002	赫格敖拉式侵入岩体型铬铁矿浩雅尔洪格尔预测工作区	844.37	3 712.31	618.14	5 174.82	0	0	0	0	5 174.82
1503203003	赫格敖拉式侵入岩体型铬铁矿哈登胡硕预测工作区	0	15.81	144.24	160.05	0	0	0	0	160.05
1503204001	索伦山式侵入岩体型铬铁矿索伦山预测工作区	781.1	0	0	781.1	0	588.22	959.33	1 547.55	2 328.65
	总量	2 201.1	3 843.74	1 064.94	7 109.78	0	588.22	1 086.35	1 674.57	8 784.35

注：表中数据不含已查明资源量。

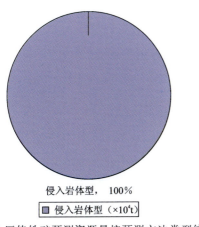

图 6-3　全区铬铁矿预测资源量按预测方法类型统计图

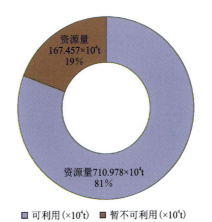

图 6-4　全区铬铁矿预测资源量按可利用性统计图

六、按最小预测区级别分类统计

本次工作共圈定最小预测区 91 个，其中 A 级最小预测区 24 个，预测资源量 $412.11×10^4$ t；B 级最小预测区 28 个,预测资源量 302.879×10^4 t;C 级最小预测区 39 个,预测资源量 163.446×10^4 t(表 6-8,图 6-5)。

表 6-8　全区铬铁矿预测资源量按最小预测区级别分类统计一览表　　　单位:$\times10^4$ t

预测工作区编号	预测区名称	最小预测区级别	500m 以浅	1 000m 以浅	2 000m 以浅
1503201001	呼和哈达式侵入岩体型铬铁矿乌兰浩特预测工作区	A	2.587	2.587	2.587
1503202001	柯单山式侵入岩体型铬铁矿柯单山预测工作区	A	55.431	55.431	55.431
1503203001	赫格敖拉式侵入岩体型铬铁矿二连浩特北部预测工作区	A	14.268	14.268	14.268
1503203002	赫格敖拉式侵入岩体型铬铁矿浩雅尔洪格尔预测工作区	A	256.751	256.751	256.751
1503203003	赫格敖拉式侵入岩体型铬铁矿哈登胡硕预测工作区	A	4.963	4.963	4.963
1503204001	索伦山式侵入岩体型铬铁矿索伦山预测工作区	A	78.11	78.11	78.11
A 级最小预测区资源量合计			**412.11**	**412.11**	**412.11**
1503201001	呼和哈达式侵入岩体型铬铁矿乌兰浩特预测工作区	B	1.918	1.918	1.918
1503202001	柯单山式侵入岩体型铬铁矿柯单山预测工作区	B	9.029	9.029	9.029
1503203001	赫格敖拉式侵入岩体型铬铁矿二连浩特北部预测工作区	B	23.328	23.328	23.328
1503203002	赫格敖拉式侵入岩体型铬铁矿浩雅尔洪格尔预测工作区	B	198.917	198.917	198.917
1503203003	赫格敖拉式侵入岩体型铬铁矿哈登胡硕预测工作区	B	10.865	10.865	10.865
1503204001	索伦山式侵入岩体型铬铁矿索伦山预测工作区	B	58.822	58.822	58.822
B 级最小预测区资源量合计			**302.879**	**302.879**	**302.879**

续表 6-8

预测工作区编号	预测区名称	最小预测区级别	500m 以浅	1 000m 以浅	2 000m 以浅
1503201001	呼和哈达式侵入岩体型铬铁矿乌兰浩特预测工作区	C	0.108	0.108	0.108
1503202001	柯单山式侵入岩体型铬铁矿柯单山预测工作区		3.673	3.673	3.673
1503203001	赫格敖拉式侵入岩体型铬铁矿二连浩特北部预测工作区		1.741	1.741	1.741
1503203002	赫格敖拉式侵入岩体型铬铁矿浩雅尔洪格尔预测工作区		61.814	61.814	61.814
1503203003	赫格敖拉式侵入岩体型铬铁矿哈登胡硕预测工作区		0.177	0.177	0.177
1503204001	索伦山式侵入岩体型铬铁矿索伦山预测工作区		95.933	95.933	95.933
C 级最小预测区资源量合计			**163.446**	**163.446**	**163.446**

注：表中数据不含已查明资源量。1 000m 以浅预测资源量含 500m 以浅预测资源量；2 000m 以浅预测资源量含 1 000m 以浅预测资源量。

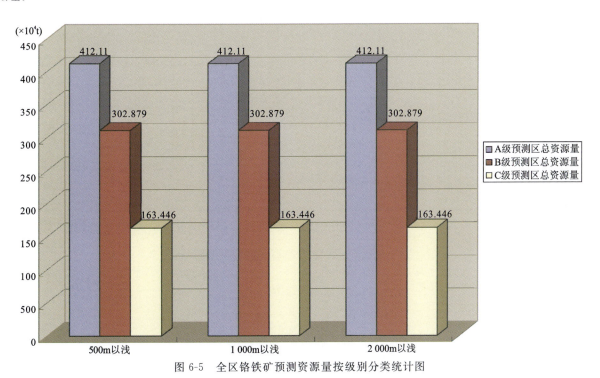

图 6-5　全区铬铁矿预测资源量按级别分类统计图

七、全区预测资源量可信度统计分析

对内蒙古自治区各铬铁矿预测工作区进行统计分析(表 6-9,图 6-6～图 6-12),预测资源总量(不含已探明资源量)为 878.435×10⁴t,可信度≥0.75 的预测资源量为 412.477×10⁴t,可信度≥0.5 的预测资源量为 861.180×10⁴t,可信度≥0.25 的预测资源量为 878.432×10⁴t。

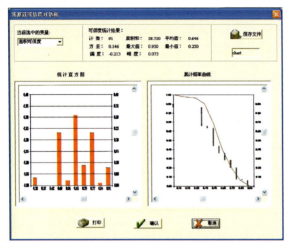

图 6-6　全区铬铁矿预测面积可信度直方图及概率曲线

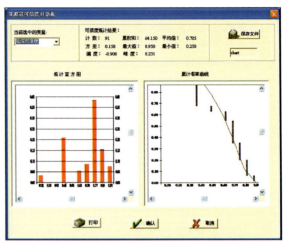

图 6-7　全区铬铁矿预测延深可信度直方图及概率曲线

图 6-8　全区铬铁矿预测含矿系数可信度直方图及概率曲线

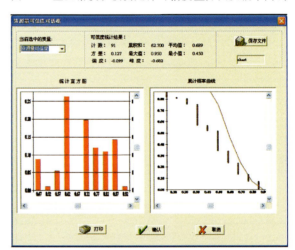

图 6-9　全区铬铁矿资源量可信度直方图及概率曲线

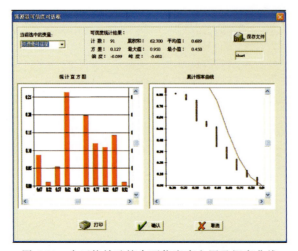

图 6-10　全区铬铁矿综合可信度直方图及概率曲线

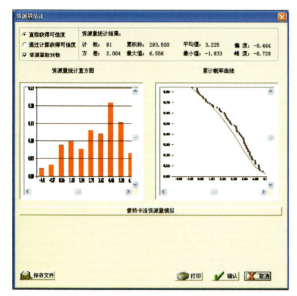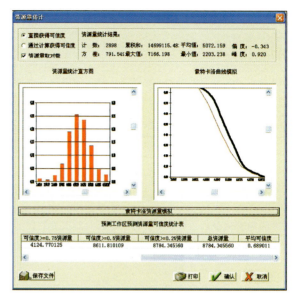

图 6-11　全区铬铁矿预测资源量可信度统计直方图及蒙特卡洛模拟曲线

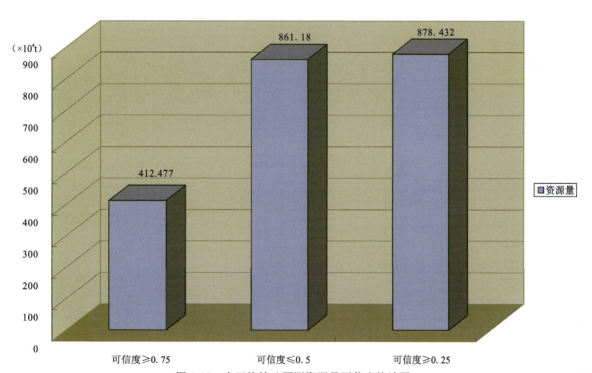

图 6-12　全区铬铁矿预测资源量可信度统计图

表 6-9　全区铬铁矿预测资源量按可信度统计结果表　　　　　　　　单位：$\times 10^4$ t

预测工作区编号	预测工作区名称	可信度≥0.75			可信度≥0.5			可信度≥0.25		
		334-1	334-2	334-3	334-1	334-2	334-3	334-1	334-2	334-3
1503201001	呼和哈达式侵入岩体型铬铁矿乌兰浩特预测工作区	2.132	0.823	0	2.132	0.823	1.658	2.132	0.823	1.658

续表 6-9

预测工作区编号	预测工作区名称	可信度≥0.75			可信度≥0.5			可信度≥0.25		
		334-1	334-2	334-3	334-1	334-2	334-3	334-1	334-2	334-3
1503202001	柯单山式侵入岩体型铬铁矿柯单山预测工作区	55.430	0	0	55.430	0	0	55.43	0	12.700
1503203001	赫格敖拉式侵入岩体型铬铁矿二连浩特北部预测工作区	0	10.739	3.529	0	10.739	28.598	0	10.739	28.598
1503203002	赫格敖拉式侵入岩体型铬铁矿浩雅尔洪格尔预测工作区	84.437	172.314	0	84.437	371.231	58.737	84.437	371.231	61.814
1503203003	赫格敖拉式侵入岩体型铬铁矿哈登胡硕预测工作区	0	1.404	3.559	0	1.581	14.424	0	1.581	14.424
1503204001	索伦山式侵入岩体型铬铁矿索伦山预测工作区	78.11	0	0	78.110	58.822	94.458	78.110	58.822	95.933

第七章　单矿种(组)成矿规律总结

第一节　成矿区(带)划分

一、成矿区(带)划分原则

成矿区(带)分5级,即Ⅰ～Ⅴ级,由大到小分级圈定,它是研究成矿规律的必要手段,也是成矿作用和经济概念的统一。一个成矿区(带)是某矿种(或几个矿种)一组或几组矿床集合在四维空间的定值,表达了矿床时空分布规律。

Ⅰ级:全球成矿区(带),也称全球成矿单元,用"成矿域"来表达。它反映全球范围内地幔物质巨大的不均一性,常与全球性的巨型构造相对应。它可能是在几个大地构造岩浆旋回期间发育形成的,每一旋回有其特定的矿化类型。随着构造-岩浆旋回的发展、演化,出现多期次叠加和改造的成矿作用,展示全球性的成矿作用。

Ⅱ级:是Ⅰ级成矿单元内部的次级成矿区(带),与大地构造单元相对应或跨越多个大地构造单元的含矿领域,其成矿作用是经几个或单一大地构造演化旋回的地质历史时期形成的,发育有特点的区域矿化类型。区域成矿作用演化过程中,成矿物质的富集受壳幔作用、表生作用及物质不均匀性的控制,赋存的矿床类型明显受多级或多序次构造的控制,矿化集中分布在该级矿带内特定的构造部位。它揭示一(或二)级大地构造单元区域成矿作用的总体特征。

Ⅲ级:是在Ⅱ级成矿区(带)范围内圈定的次级成矿区(带),在有利的成矿区段内受几类区域或同一地质作用控制的某几种矿床类型集中分布的地区,反映了区域成矿专属性的特征。它控制了巨型矿化富集区的成矿作用特征。

Ⅳ级:受同一成矿作用控制和几个主导控矿因素的矿田分布区,展示了矿化富集区的成矿作用特征。

Ⅴ级:受有利成矿地质因素中同类成矿因素控制的矿田。控矿因素通常指地层、岩浆岩、构造、地球物理场和地球化学场等因素控制形成某矿种中一定类型矿床组合在一起的矿床集中分布区。因此控矿因素与矿床的空间定位有关。一般来说,一个矿田包括一组有成因联系的矿床组合,表示了矿田内成矿作用的特征。

成矿区(带)与地质构造单元的关系是多样的,不同级别的成矿区(带)可以与不同级别的地质构造单元重合,亦可以跨越多个不同时代的地质构造单元,或在同一个地质构造单元内。成矿区(带)与不同时期成矿作用的关系亦是多样的,有的成矿区(带)是一个时期的成矿作用所形成,更多的成矿区(带)是由多期次成矿作用叠加的产物。

成矿区带命名冠以构造单元或地区名称和区域成矿作用限定的成矿元素(或矿物)组合而成。

二、成矿区(带)的划分

在全国Ⅲ级成矿区(带)划分的基础上,依据全区铬铁矿点的分布及本次工作预测的成果,结合四级、五级大地构造单元的划分,进行了铬单矿种的Ⅳ级、Ⅴ级成矿区(带)的划分。共划分铬铁矿Ⅳ级区(带)43个,Ⅴ级11个。成矿带特征详见表 7-1。

表 7-1 全区成矿区(带)初步划分表

Ⅰ级成矿单元	Ⅱ级成矿单元	Ⅲ级成矿单元	Ⅳ级成矿单元	Ⅴ级成矿单元	代表性矿床(点)	全国
Ⅰ-1 古亚洲成矿域	Ⅱ-2 准噶尔成矿省	Ⅲ-1 觉罗塔格-黑鹰山铜、镍、铁、金、银、钼、钨、石膏成矿带	Ⅲ-1-① 黑鹰山-雅干铁、金、铜、钼成矿亚带(Vm)Ⅲ-8-①		流沙山钼矿	Ⅲ-8
	Ⅱ-4 塔里木成矿省	Ⅲ-2 磁海-公婆泉铁、铜、金、铅、锌、钨、锡、铷、钒、铀、磷成矿带(Pt、Cel、Vml、I-Y)	Ⅲ-2-① 石板井-东七一山钨、钼、铜、铁、萤石成矿亚带	Ⅴ-1 洗肠井铬铁矿找矿远景区	白云山西铬铁矿(矿点)、旱山南铬铁矿(矿点)、小黄山东铬铁矿(矿点)、小尘包南西铬铁矿(矿点)	Ⅲ-14
					索索井铜、铁矿(Ⅰ)	
			Ⅲ-2-② 阿木乌苏-老硐沟金、钨、锑成矿亚带		阿木乌素锑矿点(Y),鹰嘴红山钨矿(Ⅵ)	
					老硐沟金矿(Ⅵ)	
			Ⅲ-2-③ 神螺山-玉石山萤石成矿亚带		神螺山萤石矿、玉石山萤石矿(Ⅵ)	
			Ⅲ-2-④ 珠斯楞-乌拉尚德铜、金、镍、煤成矿亚带			
	Ⅱ-14 华北(地台)成矿省(最西部)	Ⅲ-3 阿拉善(台隆)铜、镍、铂、铁、稀土、磷、石墨、芒硝、盐成矿亚带(Pt、Pz、Kz)	Ⅲ-3-① 碱泉子-卡休他他-沙拉西别金、铜、铁、铂成矿亚带(C、Vm、Q)		碱泉子金矿(Vm)	
					卡休他他铁多金属矿(C)	
					沙拉西别铁、铜、硫矿、克布勒铁矿、恩格勒萤石矿、哈布达哈拉萤石矿、乃木毛道萤石矿	
					阿拉腾敖包铂矿、阿拉腾哈拉铂矿	
			Ⅲ-3-② 龙首山元古宙铜、镍、铁、稀土成矿亚带(Pt、Nh-Z)		桃花拉山铌、稀土矿(Pt)	Ⅲ-17
					宽湾井铁矿、哈马胡头沟磷矿、夹沟磷矿、青井子磷矿	
			Ⅲ-3-③ 图兰泰-朱拉扎嘎金、盐、芒硝、石膏成矿亚带(Pt、Q)		朱拉扎嘎金矿(Pt)(变质型)	
					哈尧尔哈尔金矿(Pt)、乌兰呼都格金矿(Pt)(热液型)	
Ⅰ-2 秦祁昆成矿域	Ⅱ-5 阿尔金-祁连成矿省	Ⅲ-4 河西走廊铁、锰、萤石、盐、凹凸棒石成矿带	Ⅲ-4-① 阎地拉图铁成矿亚带(Vm)		阎地拉图铁矿(Vm)	Ⅲ-20

续表 7-1

Ⅰ级成矿单元	Ⅱ级成矿单元	Ⅲ级成矿单元	Ⅳ级成矿单元	Ⅴ级成矿单元	代表性矿床(点)	全国
Ⅰ-4 滨太平洋成矿域（叠加在古亚洲成矿域之上）	Ⅱ-12 大兴安岭成矿省	Ⅲ-5 新巴尔虎右旗-根河(拉张区)铜、钼、铅、锌、金、萤石、石煤(铀)成矿带	Ⅲ-5-①额尔古纳铜、钼、铅、锌、银、金、萤石成矿亚带(Y、Q)		小伊诺盖金矿、吉拉林砂金矿、西牛耳河砂金矿、乌玛砂金矿、莫尔道嘎砂金矿、阿里亚河砂金矿、狼狈河砂金矿、小西沟砂金矿、草塘沟砂金矿、恩和哈达砂金矿、吉兴沟砂金矿、毕拉河铁矿	Ⅲ-47
					下护林铅锌矿、三河铅锌矿、二道河铅锌矿、地营子铁矿	
					乌努格吐山铜(钼)矿、八大关铜钼矿、八八一铜矿	
					甲乌拉铅锌银矿、查干布拉根铅银矿、额仁陶勒盖银矿	
			Ⅲ-5-②陈巴尔虎旗-根河(拉张区)金、铁、锌、萤石成矿亚带(Cl、Ym-l、Ym)		四五牧场金矿	
					谢尔塔拉铁锌矿、六一硫铁矿、旺石山萤石矿、昆库力萤石矿、东方红萤石矿	
			Ⅲ-5-③海拉尔盆地油气成矿亚带(Mz)			
		Ⅲ-6 东乌珠穆沁旗-嫩江(中强挤压区)铜、钼、铅、锌、金、钨、锡、铬成矿带(Pt₃、Vm-l、Ye-m)	Ⅲ-6-①加格达奇-古利库金、萤石成矿亚带(Y、Q)			Ⅲ-48
			Ⅲ-6-②朝不楞-博克图钨、铁、锌、铅成矿亚带(V、Y)		塔尔其铁矿、梨子山铁钼矿、中道山铁矿、罕达盖铁铜矿	
					苏呼河铁多金属、八十公里铁多金属	
					朝不楞铁多金属矿、查干敖包铁锰矿、吉林宝力格银矿、阿尔哈达铅锌矿	
					沙麦钨矿	
					古利库岩金矿(Yl)、古利库砂金矿(Q)	
					巴林金铜矿(小型)	
					奥尤特铜矿(小型)	
				Ⅴ-2 二连-贺根山铬铁矿找矿远景区	沙格尔庙铬铁矿(矿点)、阿尔登格勒庙铬铁矿(矿点)	
				Ⅴ-3 贺根山铬铁矿找矿远景区	赫格敖拉3756铬铁矿(中型)、赫格敖拉620小型铬铁矿床、贺根区、贺根山西、赫白区733、贺根山、贺根山北、贺根山南铬铁矿(矿点)	
					小坝梁金矿(小型)	
				Ⅴ-5 乌日尼图钨钼成矿远景区(Y)	乌日尼图钨、钼矿点、准苏吉花钼矿、乌兰德勒钼、铜矿点、五花敖包钼矿点、达来敖包钼矿点	
		Ⅲ-7 阿巴嘎-霍林河铬、铜(金)、锗、煤、天然碱、芒硝成矿带(Ym)	Ⅲ-7-①乌力吉-欧布拉格铜、金成矿亚带(Ym)		欧布拉格铜金矿(小型)	Ⅲ-49
			Ⅲ-7-②查干此老-巴音杭盖金成矿亚带(Yl)		查干此老金矿(小型)、巴音杭盖金矿(小型)、图古日格金矿(小型)	
					黑沙图萤石矿(中型)	
			Ⅲ-7-③索伦山-查干哈达庙铬、铜成矿亚带(Vm)	Ⅴ-4 索伦山铬铁矿找矿远景区	察汗胡勒、索伦山2个小型矿床和巴音301、两棵树、巴润伦乔、巴音104、巴音查5个矿点	
					克克齐铜矿(小型)、查干哈达庙铜矿(小型)	
			Ⅲ-7-④苏莫查干敖包-二连萤石、锰成矿亚带(Vl)	Ⅴ-5 二连铬铁矿找矿远景区	白音脑包萤石矿(小型)、沙格尔庙铬铁矿(矿点)、阿尔登格勒庙铬铁矿(矿点)	

续表 7-1

Ⅰ级成矿单元	Ⅱ级成矿单元	Ⅲ级成矿单元	Ⅳ级成矿单元	Ⅴ级成矿单元	代表性矿床(点)	全国
Ⅰ-4 滨太平洋成矿域(叠加在古亚洲成矿域之上)	Ⅱ-12 大兴安岭成矿省	Ⅲ-7 阿巴嘎-霍林河铬、铜(金)、锗、煤、天然碱、芒硝成矿带(Ym)	Ⅲ-7-⑤温都尔庙-红格尔庙铁成矿亚带(Pt)	Ⅴ-6 温都尔庙-贺根山铬铁矿找矿远景区	朝克乌拉、朝根山矿点铬铁矿(矿点)	
					大敖包铁矿(中型)、小敖包铁矿(小型)	
			Ⅲ-7-⑥白乃庙-哈达庙铜、金、萤石成矿亚带(Pt、Vm-I、Y)		乌花敖包金矿(小型)、宫胡洞铜矿(小型)	
					白乃庙铜金矿(中型)、白乃庙金矿(小型)、谷那乌苏铜矿(小型)	
					别鲁乌图铜矿(中型)	
					毕力赫金矿(小型)、哈达庙金矿(小型)	
		Ⅲ-8 林西-孙吴铅、锌、铜、钼、金成矿带(Vl、Ⅱ、Ym)	Ⅲ-8-①索伦镇-黄岗铁(锡)、铜、锌成矿亚带		毛登铜锡矿(中型)	
				Ⅴ-7 贺根山-索伦镇铬铁矿找矿远景区	朝克乌拉、朝根山矿点铬铁矿(矿点)	
				Ⅴ-8 哈登胡硕铬铁矿找矿远景区	窝栅特、梅劳特乌拉铬铁矿(矿点)	
					黄岗铁锡矿(大型)、宝盖沟锡矿(小型)、莫古吐锡矿(中型)、哈达吐铅锌矿(小型)、安乐锡铜矿(中型)、道伦大坝铜矿、拜人大坝银铅锌矿、维拉斯托银、铅、锌矿	
					神山铁多金属矿(小型)	Ⅲ-50
			Ⅲ-8-②神山-白音诺尔铜、铅、锌、铁、铌(钽)成矿亚带(Y)	Ⅴ-9 呼和哈达铬铁矿找矿远景区	呼和哈达、乌兰吐、沙日格台、东芒和屯铬铁矿(矿点)	
					石长温都尔铅锌银矿(小型)、敖林达铅锌矿(小型)	
					浩布高铜铅锌矿(大型)、敖脑大坝铜铅矿(中型)	
					白音诺尔铅锌银矿(大型)、哈拉白旗铅、锌、铜矿(小型)、收发地铅锌矿(小型)、碧流台铅锌矿(小型)、小井子铅锌矿(小型)、后卜河铜、铅、锌(小型)	
			Ⅲ-8-③连花山-大井子铜、银、铅、锌成矿亚带(I、Y)		莲花山铜银矿(中型)、长春岭铅锌矿(中型)、闹牛山铜矿(小型)、马鞍山铁矿(小型)	
					孟恩陶勒盖铅锌矿(中型)、布敦花铜银矿(中型)	
					水泉铜铅矿(小型)	
					敖尔盖铜矿(小型)、大井子铜银矿(中型)	
			Ⅲ-8-④小东沟-小营子钼、铅、锌、铜成矿亚带(Vm、Y)	Ⅴ-10 小东沟-柯单山铬铁矿找矿远景区	柯单山铬铁矿(矿点)	
					硐子铅锌矿(小型)、小营子铅锌银矿(中型)、天桥沟铅锌银矿(中型)、何尔乌苏铅锌矿(中型)、敖包山铜铅锌矿(中型)	
			Ⅲ-8-⑤卯都房子-亳义哈达钨、萤石成矿亚带(Y)	Ⅴ-11 柯单山铬铁矿找矿远景区	柯单山铬铁矿(矿点)	
					石匠山萤石矿(小型)、达盖滩萤石矿(小型)	

续表 7-1

Ⅰ级成矿单元	Ⅱ级成矿单元	Ⅲ级成矿单元	Ⅳ级成矿单元	Ⅴ级成矿单元	代表性矿床(点)	全国
Ⅰ-4 滨太平洋成矿域(叠加在古亚洲成矿域之上)	Ⅱ-13 吉黑成矿省	Ⅲ-9 松辽盆地油气、铀成矿区(Yl、He)	Ⅲ-9-①通辽科尔沁盆地煤、油气成矿亚带(Y)		库里吐钼矿(小型)、白马石沟铜矿(小型)	Ⅲ-51
			Ⅲ-9-②库里吐-汤家杖子钼、铜、铅、锌、钨、金成矿亚带(Vm、Y)	Ⅴ-7 大麦地钨金成矿远景区	汤家杖子钨矿(小型)、大麦地钨矿(小型)、赵家湾子钨矿(小型)、五家子铜矿(小型)	
					撰山子金矿(中型)、各力各金矿(小型)、后公地铅锌矿(小型)	
		Ⅲ-10 华北地台北缘东段铁、铜、钼、铅、锌、金、银、锰、磷、煤、膨润土成矿带	Ⅲ-15-①内蒙古隆起东段铁、铜、钼、铅、锌、金、银、锰、磷、煤、膨润土成矿带		伊胡赛金矿(小型)	
					明干山铜矿(小型)、大水清金矿(中型)	Ⅲ-57
					热水金矿(小型)、东风金矿(小型)	
					陈家杖子金矿(大型)、三宝铁矿(小型)	
					奈林金矿(小型)、大黑山铁矿(小型)	
					金厂沟梁金矿(大型)、二道沟金矿(小型)、卧牛沟金矿(小型)、芦家地金矿(小型)	
					南弯子铁矿(小型)、长岭铅锌矿(小型)	
					哈拉火烧铁矿(小型)、伊河沟铁锌矿(小型)	
					官地金银矿(小型)、红花沟金矿(中型)、莲花山金矿(中型)、柴火栏子金矿(小型)、车户沟铜钼矿(小型)	
					索虎沟金矿(小型)、石人沟金矿(小型)、大西沟金矿(小型)、白羊沟铅锌矿(小型)	
	Ⅱ-14 华北成矿省	Ⅲ-11 华北地台北缘西段金、铁、铌、稀土、铜、铅、锌、银、镍、铂、钨、石墨、白云母成矿带	Ⅲ-11-①白云鄂博-商都金、铁、铌、稀土、铜、镍成矿亚带		白云鄂博铁稀土矿(超大型)、赛乌苏金矿(中型)	Ⅲ-58
					黄花滩铜矿(小型)、小南山铜镍矿(小型)、百灵庙铁矿(小型)	
					高腰海铁矿(中型)、黑脑包铁矿(中型)	
					浩牙日胡都格金矿(大型)、哈尼河金矿(小型)、小乌淀金矿(小型)、上花何金矿(小型)、老羊壕金矿(小型)、布龙图磷矿(大型)、后石兰哈达铁矿(小型)	
					合教铁矿(小型)、周喜才铁矿(小型)、杨六疙卜铁矿(小型)	
					克布铜镍矿(小型)、乌兰赤老铁矿(小型)、角力格太铍矿(小型)	
					三合明铁矿(大型)	
					中斯拉钨矿(小型)、银宫山金矿(小型)、段油坊砂金矿(小型)	
					新地沟金矿(小型)	
					高台金矿(小型)、古营子铁矿(小型)	
					白石头硅钨矿(中型)、千斤沟锡矿(小型)	

续表 7-1

Ⅰ级成矿单元	Ⅱ级成矿单元	Ⅲ级成矿单元	Ⅳ级成矿单元	Ⅴ级成矿单元	代表性矿床(点)	全国
Ⅰ-4 滨太平洋成矿域(叠加在古亚洲成矿域之上)	Ⅱ-14 华北成矿省	Ⅲ-11 华北地台北缘西段金、铁、铌、稀土、铜、铅、锌、银、镍、铂、钨、石墨、白云母成矿带	Ⅲ-11-② 狼山-渣尔泰山铅、锌、金、铁、铜、铂、镍成矿亚带		霍各乞铜多金属矿(大型)、额布图镍矿(小型)	
					炭窑口铅锌硫矿(大型)、东升庙硫铅锌矿(大型)	
					盖沙图铜矿(小型)	
					迭布斯格铁矿(中型)、克林哈达铁矿(小型)、查汗陶勒盖铁矿(小型)	
					对门山锌硫矿(中型)	
					西德岭铁矿(小型)	
					甲生盘铅锌硫矿(大型)、红毫锰矿(小型)、六大股锰矿(小型)	
					书记沟铁矿(大型)、公益明铁矿(大型)、东五分子铁矿(大型)、王成沟铁矿(小型)、车铺渠铁矿(小型)、十八倾豪金矿(小型)、水泉头分子金矿(小型)、打不浪沟金矿(小型)	
					白银洞铁矿(小型)、大地渠铁矿(小型)、三道沟铁矿(小型)	
					西乌兰不浪金矿(小型)、中后河金矿(小型)	
			Ⅲ-11-③ 乌拉山-集宁金、银、铁、铜、铅、锌、石墨、白云母成矿亚带		乌拉山金矿(大型)	
					梁前金矿(小型)、十五号金矿(小型)、后石龙金矿(小型)、摩天岭金矿(小型)、潘家沟银矿(中型)、大南洼铁矿(小型)	
					乌拉山白云母矿(大型)、点力斯太铁矿(小型)	
					壕赖沟铁矿(小型)	
					五当召石墨矿(中型)、庙沟石墨矿(中型)	
					什报气石墨矿(中型)、灯笼素石墨矿(中型)	
					卯独庆金矿(小型)	
					金盆金矿(大型)、白银河金矿(中型)、北大同营金矿(小型)、小南沟金矿(小型)	
					李清地银矿(小型)、土贵乌拉白云母矿(大型)	
					大阳坡金矿(小型)、驼盘金矿(小型)	
					黄土窑石墨矿(大型)、旗杆梁磷稀土矿(小型)、三道沟磷稀土矿(小型)	
					南井石墨矿(大型)、满洲窑铅锌矿(小型)、九龙湾银矿(小型)	
		Ⅲ-12 鄂尔多斯西缘(台褶带)铁、铅、锌、磷、石膏、芒硝成矿带				Ⅲ-59
		Ⅲ-13 鄂尔多斯(盆地)铀、油气、煤、盐类成矿区(Mz、Kz)				Ⅲ-60
		Ⅲ-14 山西断隆铁、铝土矿、石膏、煤、煤层气成矿带				Ⅲ-61

第二节 铬铁矿成矿规律

一、铬铁矿床的时空分布规律

内蒙古自治区铬铁矿主要分布在区内的几条蛇绿岩带上,发现有39处矿床及矿点,其中中型矿床1处,小型矿床4处,矿(化)点34处。至2010年已查明储量的铬铁矿床:伴生铬铁矿床有 $288.606×10^4 t$,(表7-2)全区已上表的铬铁矿床有10处,独立铬铁矿8处,共生矿床1处(克什克腾旗二道沟矿区铅锌矿150425026)及伴生矿床1处(额济纳旗百合山矿区铁矿152923009)。保有资源储量(矿石量)$258.7×10^4 t$,累计查明资源储量 $304.9×10^4 t$,开采量 $1.6×10^4 t$。索伦山和贺根山2个超铁镁质岩体是铬铁矿的主要矿产地。其中索伦山3个上表矿床的保有资源储量 $72.7×10^4 t$,累计查明资源储量 $91.8×10^4 t$;贺根山3个上表矿床的保有资源储量 $124.3×10^4 t$,累计查明资源储量 $157.8×10^4 t$。空间上,铬铁矿床主要分布于索伦山蛇绿岩带、贺根山蛇绿岩带及西拉木伦深大断裂以北。

表7-2 全区铬铁矿床(点)已查明资源量一览表

矿产地编号	矿种	矿产地名	地理经度	地理纬度	主矿产矿床规模	主矿产储量($×10^4 t$)
152502001	铬铁矿	赫格敖拉3756	116°16′48″	44°50′50″	中型矿床	145.400
150824016	铬铁矿	索伦山	108°55′20″	42°25′30″	小型矿床	10.770
150425026	铬铁矿	二道沟	117°58′01″	43°04′23″	小型矿床	25.600
150425071	铬铁矿	柯单山	117°12′51″	43°06′18″	小型矿床	25.622
150824015	铬铁矿	察汗胡勒	108°46′01″	42°24′31″	小型矿床	54.900
150223015	铬铁矿	乌珠尔	109°24′25″	42°26′20″	矿点	9.500
152923009	铬铁矿	百合山	98°04′29″	42°27′45″	矿点	8.600
152502002	铬铁矿	赫格敖拉620	116°15′36″	44°48′46″	矿点	6.600
152221015	铬铁矿	呼和哈达	121°12′39″	46°20′01″	矿点	1.261
152502003	铬铁矿	赫白区	116°26′41″	44°51′38″	矿点	0.300
152524502	铬铁矿	武艺台	112°45′47″	42°26′50″	矿点	0.053
全区铬铁矿已查明资源总量						288.606

资料来源:《截止于2010年底内蒙古自治区矿产资源储量表》及矿产地数据库。

时间上,全区铬铁矿床形成于中元古代、中奥陶世、中晚泥盆世、晚石炭世、中晚二叠世及晚侏罗世,铬铁矿床主要产于中晚泥盆世、晚二叠世。中晚泥盆世的铬铁矿床产于贺根山矿区,晚二叠世的铬铁矿床产于索伦山矿区。

二、铬铁矿床的主要成因类型

内蒙古自治区铬铁矿床主要成因类型为产于与超镁铁质岩有关的蛇绿岩(阿尔卑斯型)豆荚状铬铁矿床,该类矿床有索伦山铬铁矿床及贺根山铬铁矿床。

三、铬化探异常特征

内蒙古自治区铬铁矿主要分布在巴彦查干-索伦山地球化学区、二连-东乌珠穆沁旗地球化学区和宝昌-多伦-赤峰地球化学区。

巴彦查干-索伦山地球化学区:Cr高值区大面积连续分布,该区是内蒙古地区主要的一条超基性岩带,沿巴彦查干-准索伦-满达拉呈近东西向带状分布,近东西和近南北向构造十分发育。高值区主要对应于下古生界奥陶系、上古生界泥盆系和石炭系,出露岩体有石炭纪、泥盆纪超基性岩体及二叠纪二长花岗岩和闪长岩,其中超基性岩规模大,分布广,多呈带状或似脉状东西向展布。

二连-东乌珠穆沁旗地球化学区:该区Cr呈大面积的低背景分布,仅在阿巴嘎旗和贺根山一带呈高背景分布,其中阿巴嘎旗Cr高值区主要对应于新近系和第四系阿巴嘎组玄武岩,推断该地区Cr高值区主要由该岩性引起。贺根山一带Cr高值区多与已知矿点吻合,均对应于该区石炭纪超基性岩体。

宝昌-多伦-赤峰地球化学区:Cr高值区在赤峰—克什克腾旗之间呈大面积分布,对应于二叠系、侏罗系、白垩系、新近系,出露岩体有早中二叠世和晚侏罗世—早白垩世火山岩系。其余地区Cr呈背景和低背景值分布。

四、主要控矿因素

内蒙古自治区铬铁的成矿主要受构造及岩浆岩控制。

(一)构造对成矿的控制作用

在矿床的形成过程中,成矿流体的运移和成矿物质的沉淀、定位空间以及其形成的保存条件无不与构造息息相关。所以说,构造是控矿地质因素中的首要因素。

在内蒙古自治区中东部地区,形成晚古生代二连-贺根山蛇绿混杂岩带、索伦山-西拉木伦结合带、图林凯蛇绿混杂岩带(蓝片岩带)等几个大的缝合带,在古亚洲洋洋盆成生发育、消亡的过程中,在不同的构造环境内发生不同的成矿作用。洋盆在拉张构造环境中,由于地幔物质上涌,形成与洋壳相关的岩浆熔离-贯入型铬铁矿床。

(二)岩浆岩对成矿的控制作用

在二连-贺根山蛇绿混杂岩带、索伦山-西拉木伦结合带、图林凯蛇绿混杂岩带(蓝片岩带)等几个大的缝合带内,发育幔源型超镁铁质岩岩块,如朝克乌拉-贺根山-松根乌拉,在这些幔源型超镁铁质岩中形成蛇绿岩型(阿尔卑斯型)豆荚状铬铁矿。

1. 索伦山蛇绿岩带

该带位于中蒙边境内蒙古中段西部的中国一侧，西起哈布特盖，向东经索伦山、阿不盖敖包、乌珠尔到哈尔陶勒盖，该带分东、西两部分。西部为索伦山岩块，东西长32km，宽2～6km，面积约70km²。索伦山岩块由变质橄榄岩（主要由斜辉橄榄岩、二辉橄榄岩、异剥橄榄岩和纯橄榄岩组成）、辉长岩、斜长花岗岩和辉绿岩墙组成，纯橄榄岩中发育蛇绿岩（阿尔卑斯型）豆荚状铬铁矿，到目前，发现察汗胡勒、索伦山2个小型矿床和巴音301、两棵树、巴润索伦、巴音104、巴音查5个矿点。东部为阿布格-乌珠尔岩块，东西长20km，宽2～5km，出露面积23km²，到目前，发现乌珠尔三号矿床（小型）和桑根达来209、桑根达来206、桑根达来、塔塔4个矿点。该区铬铁矿产在地幔橄榄岩中，矿石工业类型为富铬的冶金型。

2. 二连-贺根山蛇绿岩带

二连-贺根山蛇绿岩带呈北东东向展布，延伸长达1 300km以上。分布在二连-贺根山蛇绿岩带中东段的贺根山蛇绿岩最具代表性，贺根山蛇绿岩分布集中，出露齐全，是目前研究程度最高的蛇绿岩带之一。根据内蒙古自治区地质调查院1:25万区调资料，贺根山蛇绿岩位于该带中段，北东向分布于朝克乌拉—贺根山—松根乌拉一线，向东延入乌斯尼黑一带。基岩断续出露长约180km，最大宽约50km，由数十个规模不等、大小悬殊、岩石类型各异的"蛇绿岩"岩块组成，深海沉积岩等伴生岩石沿该带零星分布。属SSZ型的蛇绿岩，位于俯冲上盘增生楔中。

1）贺根山蛇绿岩块

该岩块北东长约12km，南北宽约6km，除东侧与塔尔巴组呈断层接触外，其余均被下白垩统白彦花组不整合覆盖。蛇绿岩主要为超镁铁质岩，岩石类型为纯橄榄岩和辉石橄榄岩；其次为辉长质岩石，出露于岩块东侧，岩性为辉长岩及少量辉绿岩；镁铁质火山杂岩有片理化玄武岩、蚀变安山岩等。在纯橄榄岩中产蛇绿岩（阿尔卑斯型）豆荚状铬铁矿，到目前，发现赫格敖拉区3756中型铬铁矿床，赫格敖拉620小型铬铁矿床，贺白区、贺根山西、赫白区733、贺根山、朝克乌拉、贺根山北、贺根山南、朝根山8个矿点。

2）朝克乌拉蛇绿岩块

该蛇绿岩块北东长20km，南北宽8km，西与中上泥盆统塔尔巴格特组、上石炭统—下二叠统格根敖包组断层接触，被中二叠统哲斯组不整合覆盖，在巴拉巴契乌拉一带被中二叠世正长花岗岩侵入，在朝克乌拉北逆冲在中元古界温都尔庙群哈尔哈拉组绿帘阳起片岩之上。蛇绿岩主要为超镁铁质岩，岩石类型为蛇纹石化橄榄岩、二辉橄榄岩、纯橄榄岩、单斜辉石橄榄岩、斜方辉石橄榄岩及蚀变辉长岩、变质辉绿岩、蚀变辉绿玢岩、细粒英云闪长岩和硅质、碧玉岩、黑紫色片理化玄武岩互层。

3）松根乌拉蛇绿岩块

该蛇绿岩块总体为南北走向，南北长约30km，东西向最大宽约18km，岩块南端与中上泥盆统塔尔巴格特组断层接触，被上石炭统—下二叠统格根敖包组、哲斯组不整合覆盖，并逆冲在中元古界温都尔庙群哈尔哈拉组绿帘阳起片岩之上，其余大部分地段被新生代沉积物掩盖。蛇绿岩主要为超镁铁质岩，岩石类型为蛇纹石化斜辉橄榄岩、二辉橄榄岩、纯橄榄岩、单斜辉石橄榄岩、斜方辉石橄榄岩等，少量堆晶辉长岩及辉绿岩。岩块北端地幔橄榄岩中铬铁矿化发育。

除上述三大岩块外，该蛇绿岩带向东延伸到乌斯尼黑及哈登胡硕等地。在乌斯尼黑地区被格根敖包组不整合覆盖并将其分割成3个岩带，总面积33.3km²，自南向北分别为：①艾很延昭岩带，东西出露长约11km，中部宽约6km，东西被第四系覆盖，南北被格根敖包组不整合覆盖。呈不规则纺锤形出露。走向50°～70°。②吉力很岩带，位于中部，与辉长-辉绿岩共生。东西出露长约8km，平均宽2～3km，东端狭小，西端较宽，走向50°～70°。东西被第四系覆盖，南北被格根敖包组不整合覆盖。③哈丹呼舒岩带，位于北部，东西出露长约10km，西部宽约2km，东部变窄，走向70°，南部被格根敖包组不整合覆盖，北部被阿木山组不整合覆盖。岩性主要由斜辉辉橄岩组成。在该处发现了乌斯尼黑、梅劳特乌拉及窝棚特铬铁矿点。

3. 柯单山蛇绿岩带

柯单山蛇绿岩带沿西拉木伦河北岸分布。该带由柯单山、九井子和杏树洼蛇绿岩块组成,其中柯单山蛇绿岩块发育最好,岩块长约10km,宽0.3～1.7km,面积8km^2。呈北东走向,主要岩性为辉石岩、辉长岩、单辉橄榄岩、辉橄岩、橄榄岩及纯橄榄岩等。按不同岩性的分布规律,可以划分为3个岩相带:上部杂岩岩相带、中部纯橄榄岩岩相带、下部杂岩岩相带。3个岩相带大致互相平行,沿北东-南西向分布;在平面图上则表现为以纯橄榄岩相带为中心略具对称分异的特征;在剖面图上具有自上而下由酸性至基性的变化特征,有微小垂直重力分异的特征。

五、铬查明资源量成矿时代-矿床类型关系

据《截止于2010年底内蒙古自治区矿产资源储量表》及矿产地数据库资料的统计,包括评审的累计查明内蒙古自治区铬铁矿的矿石量288.605×10^{4}t,结合已知的矿床矿石同位素测年资料及矿床成因类型,可知全区已探明资源量主要形成于海西期,矿床成因类型为蛇绿岩型(阿尔卑斯型)豆荚状铬铁矿(表7-2)。

第三节 区域成矿规律图

一、编图范围

西起阿拉善盟额济纳旗,东至呼伦贝尔市鄂伦春自治旗;南起鄂尔多斯市鄂托克前旗,北至呼伦贝尔市的额尔古纳市。北部与蒙古国和俄罗斯接壤,南部分别与甘肃省、宁夏回族自治区、陕西省、山西省、河北省、辽宁省、吉林省、黑龙江省毗邻。地层区划属北疆-兴安地层大区和塔里木-南疆地层大区及华北地层大区。大地构造分区属Ⅰ天山-兴蒙造山系,Ⅱ华北陆块区,Ⅲ塔里木陆块区,Ⅳ秦祁昆造山系4个一级单元。内蒙古自治区稀土矿成矿区(带)划分,一级单位成矿域3个,为Ⅰ-1古亚洲成矿域、Ⅰ-2秦祁昆成矿域、Ⅰ-4滨太平洋成矿域(叠加在古亚洲成矿域之上)。二级单位成矿省7个,三级单位成矿带14个,四级单位成矿亚带31个,五级单位成矿远景区8个。工作区总面积118.28km^2。

二、图件编图

(1)该图以2008年内蒙古自治区地质调查院提供的1:150万数据地理图为地理底图,以2008年内蒙古自治区地质调查院提供的1:150万数据地质图为背景图。添加全国潜力评价提供的1:150万内蒙古自治区成矿区(带)划分图和1:150万内蒙古自治区大地构造分区图。主要数据来源于内蒙古自治区地质调查院(2008)内蒙古自治区铬矿产地储量平衡表、内蒙古矿产登记表,及内蒙古自治区地质调查院(2010)内蒙古矿产地数据库资料。

根据以上资料编绘成全区铬矿单矿种成矿规律图,基本能满足预测和工作部署要求。

(2)添加铬铁矿产资料。

(3)角图有内蒙古自治区铬铁矿时空演化示意图和侵入岩年代序列表及内蒙古自治区铬铁矿产地一览表、内蒙古自治区铬矿Ⅴ级成矿区(带)划分。

(4)图例部分有地质图例和矿产图例及成矿时代。

(5)按照数据模型图层编码要求编制了图层及图例,确定图名、附加责任表后,完成全图编制和整饰。

根据本区铬铁矿床空间分布和矿床特征,仅有1个侵入岩体型矿产预测类型和6个预测工作区(表7-3)。

表7-3 全区铬铁矿产预测类型一览表

序号	预测工作区名称	典型矿床名称	成矿时代	矿床成因类型	矿产预测类型	预测提取要素	预测方法类型	预测底图类型	预测底图比例尺	涉及1:5万图幅数量	对应全国矿产预测类型
1	呼和哈达地区	呼和哈达铬铁矿	P_3	岩浆岩型铬铁矿	呼和哈达式侵入岩体型铬铁矿	P_3、P_2、J_3	侵入岩体型	侵入岩浆构造图	1:10万	45幅	贺根山式
2	柯单山地区	柯单山铬铁矿	O_2	蛇绿岩(阿尔卑斯型)豆荚状铬铁矿	柯单山式侵入岩体型铬铁矿	O_2超基性岩	侵入岩体型	侵入岩浆构造图	1:5万	2幅	贺根山式
3	二连浩特地区	赫格敖拉铬铁矿	D_{2-3}	蛇绿岩(阿尔卑斯型)豆荚状铬铁矿	赫格敖拉式侵入岩体型铬铁矿	D超基性岩	侵入岩体型	侵入岩浆构造图	1:10万	21幅	贺根山式
	浩雅尔洪格尔地区					D_{2-3}超基性岩				21幅	
	哈登胡硕地区					D_{2-3}超基性岩				20幅	
4	索伦山地区	索伦山铬铁矿	P_1	蛇绿岩(阿尔卑斯型)豆荚状铬铁矿	索伦山侵入岩体型铬铁矿	P_1超基性岩	侵入岩体型		1:10万	11幅	索伦山式

第八章　勘查部署建议

第一节　已有勘查程度

截至 2009 年底,全区已完成金属和非金属矿产勘查项目 2 484 个,其中铁矿 769 个,铬铁矿 39 个,锰矿 16 个,镍矿 12 个,钛矿 2 个,铜矿 411 个,金矿 250 个,钼矿 9 个,铅矿 165 个,锌矿 12 个,银矿 57 个,钨矿 31 个,锡矿 14 个,砂金矿 43 个,铂矿 6 个,铝土矿 3 个,铌矿 17 个,铀矿 13 个,锗矿 4 个,锶矿 2 个,铈矿 4 个,铍矿 9 个,硫铁矿 13 个,非金属矿 536 个。

第二节　矿权设置情况

本区经矿权设置的勘查项目共计 3 167 个,其中铁矿勘查项目 548 个,锰 34 个,铬、钛、钒 18 个,铜 531 个,铅、锌 550 个,铝土矿 5 个,镍 33 个,钨 3 个,锡 8 个,钼 51 个,锑、汞 4 个,多金属 516 个,铂、钯 1 个,金 443 个,银 170 个,稀有锑矿 9 个,非金属矿 243 个。承担这些项目的勘查单位共有 1 346 个,除煤炭资源外共涉及矿种 69 个。

第三节　勘查部署建议

一、部署原则

以 Cr 为主,兼顾 Ni、Cu、Co 及菱镁矿共(伴)生矿产,以探求新的矿产地及新增资源储量为目标,开展区域矿产资源预测综合研究、重要找矿远景区矿产普查工作。

(1) 开展矿产预测综合研究。以本次铬铁矿预测成果为基础,进一步综合区域地球化学、区域地球物理和区域遥感资料,应用成矿系列理论,进行成矿规律、矿产预测等综合研究,圈定一批找矿远景区,为矿产勘查部署提供依据。

(2) 开展矿产勘查工作。依据本次铬铁矿预测结果,结合已发现的铬铁矿床,进行矿产勘查工作部署。在已知矿区的外围及深部部署矿产勘探工作,在矿点和本次预测成果中的 A、B 级优选区相对集中的地区和重力、航磁异常区部署矿产详查工作,在找矿远景区内部署矿产普查工作。

二、主攻矿床类型

1. 乌兰浩特铬铁矿找矿远景区

乌兰浩特铬铁矿找矿远景区大地构造位于Ⅰ天山-兴蒙造山系,Ⅰ-1 大兴安岭弧盆系,Ⅰ-1-5 二连-

贺根山蛇绿混杂岩带（Pz_2）上，区内有1个勘查区、2个详查区和2个普查区（表8-1）。目前该找矿远景区内已发现有4个铬铁矿点，有二叠纪超镁铁质岩出露。

根据内蒙古自治区地质局101地质队一分队1961年5月编写的《内蒙古呼伦贝尔盟科尔沁右翼前旗呼和哈达铬铁矿普查报告》资料，当时对呼和哈达铬铁矿区勘查时，ZK302钻孔的最大勘查深度为250.70m，加之当时钻探技术的限制，且岩矿芯的采取率较低，影响对铬铁矿的勘查，因此，运用新的技术及地质理论，在该区内通过新一轮地质普查工作，有望找到新的铬铁矿床和硫化物铜镍矿床。

表8-1　乌兰浩特铬铁矿找矿远景区工作部署建议表

编号	名称	勘查程度	面积（km²）	主攻矿床类型	说明	预测资源量（×10⁴t）
150001	呼和哈达	勘探	2.77	呼和哈达式蛇绿岩型铬铁矿	包含1个A级区	2.132
150002	东芒和屯	详查	34.05		包含1个A级区，2个B级区，1个C级区	0.853
150003	乌兰吐北	详查	14.15		包含2个B级区	1.575
150004	联合噶扎西南	普查	1.26		包含1个C级区	0.037
150005	白音乌苏噶查西北	普查	0.87		包含1个C级区	0.016

2. 浩雅尔洪格尔-哈登胡硕铬铁矿找矿远景区

浩雅尔洪格尔-哈登胡硕铬铁矿找矿远景区大地构造位于Ⅰ天山-兴蒙造山系，Ⅰ-1大兴安岭弧盆系，Ⅰ-1-5二连-贺根山蛇绿混杂岩带（Pz_2）上，区内有3个勘查区、2个详查区和3个普查区（表8-2）。

经过20世纪五六十年代的找矿工作，在中晚泥盆世纯橄榄岩中产蛇绿岩（阿尔卑斯型）豆荚状铬铁矿，目前，已发现赫格敖拉3756中型铬铁矿床，赫格敖拉620小型铬铁矿床，贺白区、贺根山西、赫白区733、贺根山、朝克乌拉、贺根山北、贺根山南、朝根山8个矿点。

在该铬铁矿找矿远景区内，分布着贺根山蛇绿岩带内规模最大的朝克乌拉蛇绿岩块、贺根山蛇绿岩块及松根乌拉蛇绿岩块；布格剩余异常及航磁化极异常呈北东向串珠状产出，异常带强度大，地表附近出露的超镁铁质岩体规模大，且与布格剩余异常及航磁化极异常套合较好。

表8-2　浩雅尔洪格尔-哈登胡硕铬铁矿找矿远景区工作部署建议表

编号	名称	勘查程度	面积（km²）	主攻矿床类型	说明	预测资源量（×10⁴t）
150024	贵勒斯太东北	详查	17.70	赫格敖拉式蛇绿岩型铬铁矿	包含1个A级区，1个B级区，1个C级区	8.292
150023	赛罕温都日西	勘探	14.19		包含1个A级区，1个B级区	7.713
150017	沃勒哈图	勘探	487.41		包含4个A级区，6个B级区，3个C级区	295.517
150021	乌思敏黑	普查	287.03		包含1个A级区，4个C级区	37.645
150018	赫格敖拉	勘探	152.95		包含4个A级区，3个B级区	93.361
150020	格根乌拉苏木西北	普查	68.05		包含1个C级区	9.172
150019	朝克乌拉西	详查	320.85		包含3个B级区，3个C级区	72.564
150022	都贵音塔拉	普查	59.89		包含1个C级区	9.223

另外,近几年进行的1:25万区调、1:20万重力测量、1:5万航磁测量、石油勘查深钻等工作,积累了大量的新资料。在朝克乌拉北西20km处的华北石油钻孔a31井在2 047.1m以下打到了蛇纹岩;a11井在2 469.89~2 474.27m深度也见到有蛇纹岩分布,与朝克乌拉-贺根山超镁铁岩相一致。在贺根山北约10km处,钻孔在1 485.49m以下也打到了超镁铁质岩及硅质岩、基性火山岩等,与贺根山蛇绿混杂岩相对应。故此贺根山蛇绿混杂岩分布可向北推10~20km。

华北油田在贺根山西侧打的阿古深钻,在3 070m处见到蛇纹岩,并作了地震剖面,这次预测,利用重力资料作了反演,证实在下部还存在大量的超镁铁质岩。

根据内蒙古自治区地质局126队1963年完成的《赫格敖拉区3756铬铁矿床最终勘查报告》,只有一个钻孔的最大深度约800m,基于当时钻探技术的限制,且岩矿芯的采取率较低,影响对铬铁矿的勘查质量,因此,运用新的技术及地质理论,在该区内通过新一轮地质普查工作,有望找到新的铬铁矿床。

3. 二连浩特北部铬铁矿找矿远景区

二连浩特北部铬铁矿找矿远景区大地构造位于Ⅰ天山-兴蒙造山系,Ⅰ-1大兴安岭弧盆系,Ⅰ-1-5二连-贺根山蛇绿混杂岩带(Pz_2)上,区内有1个勘查区、2个详查区和3个普查区(表8-3)。

该远景区内,发育有泥盆纪超镁铁质岩和用航磁及重力推测的超镁铁质岩,布格剩余异常及航磁化极异常呈北东向串珠状产出,异常带强度大,地表附近出露的超镁铁质岩体规模大,且与布格剩余异常及航磁化极异常套合较好。超镁铁质岩中产蛇绿岩(阿尔卑斯型)豆荚状铬铁矿,目前,已发现沙达嘎庙、阿尔登格勒庙2个矿点。

因此,运用新的技术及地质理论,在该区内通过新一轮地质普查工作,有望找到新的铬铁矿床。

表8-3 二连浩特北部铬铁矿找矿远景区工作部署建议表

编号	名称	勘查程度	面积(km^2)	主攻矿床类型	说明	预测资源量($\times 10^4$t)
150010	沙达噶庙	勘探	3.43	赫格敖拉式蛇绿岩型铬铁矿	包含1个A级区,1个B级区	2.652
150015	阿曼乌苏东	普查	11.51		包含4个C级区	0.544
150013	敦苏吉音棚东	详查	9.68		包含1个B级区	11.548
150011	阿尔登格勒庙	勘探	9.79		包含2个A级区	11.850
150016	阿拉坦格尔东	普查	5.87		包含2个C级区	0.387
150012	萨达格乌拉	详查	5.24		包含1个B级区	11.546
150014	巴彦霍布尔	普查	4.97		包含2个C级区	0.810

4. 柯单山铬铁矿找矿远景区

柯单山铬铁矿找矿远景区大地构造位于Ⅰ天山-兴蒙造山系,Ⅰ-7索伦山-西拉木伦结合带,Ⅰ-7-1索伦山蛇绿混杂岩带(Pz_2),区内有1个勘查区、2个详查区和1个普查区(表8-4)。

表 8-4　柯单山铬铁矿找矿远景区工作部署建议表

编号	名称	勘查程度	面积（km²）	主攻矿床类型	说明	预测资源量（×10⁴t）
150009	石合永乡西	普查	3.43	柯单山式蛇绿岩型铬铁矿	包含1个C级区	2.652
150006	柯单山	勘探	11.51		包含1个A级区	0.544
150007	坤土河东北	详查	9.68		包含1个B级区	11.548
150008	大石头西南	详查	9.79		包含1个B级区	11.850

在该找矿远景区内，发育有中奥陶世超镁铁质岩和用航磁及重力推测的超镁铁质岩，有较好的 Cr 元素化探异常，在柯单山铬铁矿的南侧，有一北东走向椭圆状航磁异常，布格剩余异常也呈椭圆状，两者套合较好，说明其下可能存在有超镁铁质岩。在柯单山超镁铁质岩中，发现柯单山及二道沟 2 个小型铬铁矿床。

1967—1972 年鞍钢地质勘探公司 401 队对柯单山铬铁矿的勘查工作，见矿钻孔 ZK1268 最大深度仅 291.22m，而未见矿钻孔 ZK1204 最大深度 446.94m，虽然 2004 年进行了储量复核，也没做实质性的勘查工作，用的还是 20 世纪 60 年代的资料，由于当时钻探技术的限制，勘查深度均小于 500m，且岩矿芯的采取率较低，影响对铬铁矿的勘查质量，因此，运用新的技术及地质理论，在该区内通过新一轮地质普查工作，有望找到新的铬铁矿床基地。

5. 索伦山铬铁矿找矿远景区

该矿远景区大地构造位于一级大地构造单元为Ⅰ天山-兴蒙造山系，二级大地构造单元为Ⅰ-1 大兴安岭弧盆系、Ⅰ-7 索伦山-西拉木伦结合带和Ⅰ-8 包尔汉图-温都尔庙弧盆系，三级大地构造单元为Ⅰ-1-6 锡林浩特岩浆弧、Ⅰ-7-1 索伦山蛇绿混杂岩带（Pz₂）、Ⅰ-8-2 温都尔庙俯冲增生杂岩带和Ⅰ-8-3 宝音图岩浆弧（Pz₂）。区内有 3 个勘查区、3 个详查区和 3 个普查区（表 8-5）。

表 8-5　索伦山铬铁矿找矿远景区工作部署建议表

编号	名称	勘查程度	面积（km²）	主攻矿床类型	说明	预测资源量（×10⁴t）
150033	胡吉尔特北东	普查	95.96	索伦山式蛇绿岩型铬铁矿	包含1个B级区，5个C级区	2.001
150029	塔塔	详查	13.37		包含1个A级区，1个B级区	4.936
150028	查干诺尔西	详查	83.76		包含1个B级区，4个C级区	18.314
150026	乌瑞尔三号	勘探	39.82		包含2个A级区，2个B级区，1个C级区	44.091
150032	桑根达来209北西	普查	20.54		包含3个C级区	5.744
150027	巴音查	勘探	3.97		包含1个A级区	2.295
150025	索伦山	勘探	119.34		包含3个A级区，1个B级区，1个C级区	142.197
150031	哈日格那东	普查	18.07		包含2个C级区	7.608
150030	买卖滚东	详查	7.18		包含1个B级区	5.679

索伦山蛇绿岩带东西延伸100多千米，发现有5个超镁铁质岩体，其中索伦山岩体是我国发现的最大的超基性岩体之一。在该蛇绿岩带内，经20世纪60年代初所做的勘查工作，发现大大小小的矿体就有几百个，其中，索伦山岩块由变质橄榄岩（主要由斜辉橄榄岩、二辉橄榄岩、异剥橄榄岩和纯橄榄岩组成）、辉长岩、斜长花岗岩和辉绿岩墙组成，纯橄榄岩中发育蛇绿岩（阿尔卑斯型）豆荚状铬铁矿。目前，已发现察汗胡勒、索伦山2个小型矿床和巴音301、两棵树、巴润索伦、巴音104、巴音查5个矿点。东部为布格-乌珠尔岩块，东西长20km，宽2～5km，出露面积23km²。该区内发现乌珠尔三号小型矿床和桑根达来209、桑根达来206、桑根达来、塔塔4个矿点。该区铬铁矿产在地幔岩橄榄岩中，矿石工业类型为富铬的冶金型。

在该蛇绿岩带中，航磁和重力异常呈条带状、串珠状，尤其是地表无超基性岩出露，但有较好的航磁、重力异常，且两者套合较好，说明经过进一步做勘查工作，在该蛇绿岩带中还有可能发现新的超镁铁质岩体，甚至有可能发现新的铬铁矿床。

另外，该区对铬铁矿的勘查工作还是20世纪60年代做的，虽然进入21世纪，对该矿带的某些矿床只做过核实工作，但没做实质性的勘查工作，用的还是20世纪60年代的资料，由于当时钻探技术的限制，勘查深度均小于400m，且岩矿芯的采取率较低，影响对铬铁矿的勘查质量，因此，运用新的地质理论及新的技术手段，在该区内通过新一轮的地质普查工作，有望找到新的铬铁矿床基地。

对于乌珠尔三号矿体的北侧也研究得不够，需要做进一步的工作，以发现新的具工业价值的铬铁矿体。

第四节　勘查机制建议

地质找矿要取得重大突破，必须充分发挥政府、地勘单位和企业的联动作用，从各方面做好充分的准备。

一、建立和完善地质找矿的新机制

当前，地勘单位改革工作正在不断推进，要积极争取有利于地勘单位大发展、快发展的政策，地勘单位的定位要有利于地质找矿工作的需要。国家要加大对国有地勘单位的地质找矿投入力度，并把其劳动成果——矿业权的所有权、经营权、处分权、收益权全部下放给地勘单位，这样就能极大地调动地勘单位的找矿积极性，促进地质找矿的大突破，国家的投资才能得到最大的保值增值。

在计划经济下，地质勘查独立于矿业开发，只探矿不采矿；在市场经济下，就其主体而言，矿产地质勘查是依附于矿业开发的。因此，在地勘单位改革进程中，政府应在法律、政策、资金等方面实质性支持地勘单位向矿业延伸，实施勘查开发一体化，让有条件的地勘单位实现企业化经营，从而调动地勘单位探矿的主动性和积极性。

二、地方政府与地勘部门战略合作，共同推进矿产勘查工作

地方政府要本着互惠互利、共同发展的原则，与地勘单位建立探矿、采矿、加工贸易一体化的全面合作关系。凭借地勘部门的信息、技术、人才、地质资料等优势，加大找矿工作的基础研究，优选找矿靶区，推进矿产资源勘查工作，以尽快找到一批后备资源基地，提高矿产资源储量，为矿业可持续开发利用提供可靠的资源保障。

三、拓宽投入渠道，多方筹措资金，加大战略性、基础性矿产勘查投入

基础性地质工作投入大、风险大，社会资金承担风险的能力有限，因此要不断拓宽融资渠道，积极筹措资金，加大对战略性、基础性矿产资源的勘查投入。一是加强与地勘单位或者科研院所的联合，通过筛选找矿前景乐观的靶区，对基础性矿产勘查项目进行综合研究论证，多部门联合申报立项，争取申请国家和省级地勘基金，开展公益性地质勘查工作，发现新的矿点，为商业性矿产勘查提供线索，降低社会资金投入风险；二是在市级采矿权价款收益中安排一定资金作为地勘基金，用于基础矿产勘查，滚动使用，形成良性循环的"以矿找矿"机制；三是完善矿业权权益分配制度，保障投资者和地勘单位在矿产勘查中的合法利益。

四、加大勘查项目的指导和管理力度，推进商业性矿产勘查项目的健康发展

建立和健全商业性矿产勘查机制，以财政资金引导、政策调控、改善市场环境等为手段，鼓励民营企业或省内企业联合地勘单位勘探开发矿产资源，形成多元化的投入机制。政府推出一定数量的项目作为重点项目，鼓励和引导社会资金投入，并给予政策支持，在勘查过程中出现矿农关系紧张时，政府应主动出面协调处理，为商业勘查者打造良好的勘查环境。而对于"圈而不探"或者未依法完成最低勘查投入的应付式勘查的投资者，则应坚决制止。

五、创新找矿方法，利用现代化手段加大勘查速度

传统找矿方法已不适应新时期地质工作需要，当前矿产资源勘查应遵循"找新区、挖老点、上专项"的原则，引进深穿透地球化学技术、裸露区高精度遥感找矿技术、深部隐伏矿的定位技术、预测大型矿集区方法、电阻率中梯方法、高精度定位仪等先进的技术、设备和经验，加强地质科研工作，利用核幔成矿物质与幔枝构造成矿控矿理论、区域成矿理论等先进的找矿理论，正确分析大型、特大型矿床的成矿条件和现有矿床的深部找矿规律，加大攻深找盲、探边摸底力度，加快优势矿产资源勘查速度。

六、整装勘查是实现地质找矿重大突破的重要途径

要克服矿业权设置障碍、找矿手段简单和综合研究肤浅等现象，重视技术创新、技术手段的科学规划与运用，扩大找矿思路，不断研究地质成矿、预测找矿理论，运用好地质研究、物化探、钻探施工等主要勘查手段，在重要成矿区带（块）展开会战，实施大投入、多兵种、齐工艺的整装勘查，争取地质找矿实现新突破。

第九章 未来勘查开发工作预测

一、开发基地划分原则

按照国家和内蒙古自治区相关产业政策的要求,依据全区矿产资源特点、地质工作程度及环境承载能力,统筹考虑全区经济、技术、安全、环境等因素,结合本次矿产资源预测结果,在综合考虑当前矿产资源分布和预测成果等因素的基础上,进行未来铬铁矿开发基地划分,以促进矿产资源勘查工作的科学安排和合理布局。

二、开发基地的划分及预测产能

根据上述原则,在内蒙古自治区境内共划分了2个铬铁矿资源开发基地(图9-1)。

1. 贺根山开发基地

该开发区位于锡林郭勒盟中部,属锡林浩特市所辖,地势南高北低,为低山丘陵的草原景观区,相对高差小于200m,属中温半干旱大陆性季风气候,境内有锡林高勒河等河流。

该区分布着贺根山蛇绿岩带,在该带内有国内最大规模的朝克乌拉蛇绿岩块、贺根山蛇绿岩块、松根乌拉蛇绿岩块;布格剩余异常及航磁化极异常呈北东向串珠状产出,异常带强度大,地表附近出露的超镁铁质岩体规模大,且与布格剩余异常及航磁化极异常套合较好。

经过20世纪五六十年代的找矿工作,在中晚泥盆世纯橄榄岩中产蛇绿岩(阿尔卑斯型)豆荚状铬铁矿,目前,已发现赫格敖拉区3756中型铬铁矿床,赫格敖拉620小型铬铁矿床,贺白区、贺根山西、赫白区733、贺根山、朝克乌拉、贺根山北、贺根山南、朝根山8个矿点。

本次工作预测资源量A级256.751×10^4t,B级198.917×10^4t,C级61.814×10^4t,共计517.482×10^4t(表9-1),所有预测资源量均在500m以浅。

表9-1 贺根山开发基地最小预测区及预测产能一览表

最小预测区编号	最小预测区名称	预测产能($\times10^4$t)
A1503203004	赫格敖拉	70.345
A1503203005	乌斯尼黑	7.851
A1503203006	哈日阿图嘎查东	9.951
A1503203007	贺白区	7.105

续表 9-1

最小预测区编号	最小预测区名称	预测产能（×10⁴t）
A1503203008	赫白区733	14.092
A1503203009	贺根山南	0.930
A1503203010	巴彦图门嘎查西南	26.388
A1503203011	洪格尔嘎查东	57.618
A1503203012	沃勒哈图	62.471
A级预测资源量合计		**256.751**
B1503203004	赫白区733东	0.889
B1503203005	哈昭乌苏乌日特西南	15.348
B1503203006	呼钦阿尔班格勒北	18.507
B1503203007	哈日阿图嘎查东南	25.453
B1503203008	沃勒哈图北	11.974
B1503203009	松根乌拉苏木东北	28.211
B1503203010	沃勒哈图西北	26.249
B1503203011	机井西	26.909
B1503203012	松根嘎查西北	10.176
B1503203013	朝克乌拉西	35.201
B级预测资源量合计		**198.917**
C1503203009	乌斯尼黑北	6.418
C1503203010	乌斯尼黑南	13.976
C1503203011	查汗果池洛东	1.342
C1503203012	朝根山	0.283
C1503203013	阿尔善宝拉格苏木西南	1.883
C1503203014	乌斯尼黑西北	1.820
C1503203015	巴彦洪格尔嘎查	7.58
C1503203016	松根乌拉苏木西北	9.172
C1503203017	都贵音塔拉	9.223
C1503203018	松根乌拉苏木东北	7.04
C1503203019	洪格尔嘎查	3.077
C级预测资源量合计		**61.814**

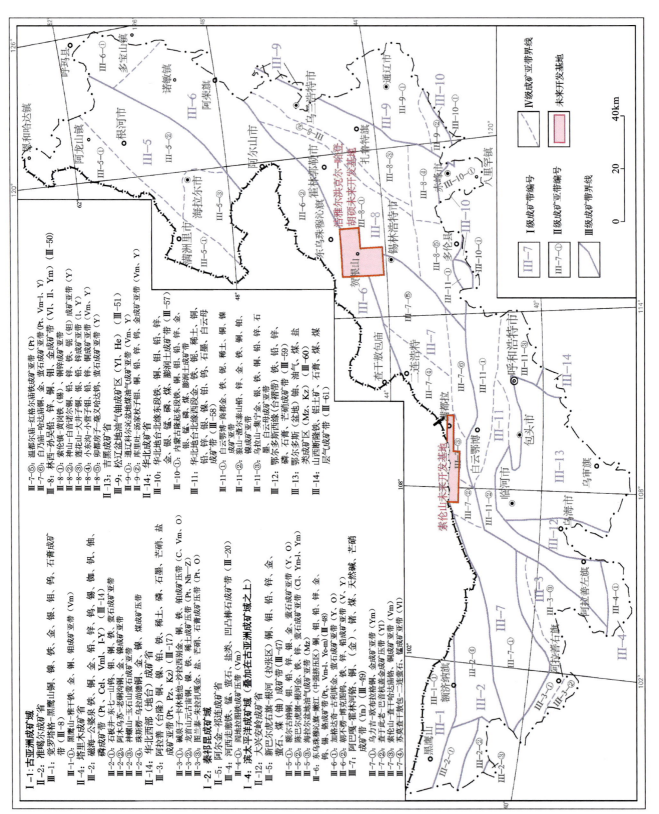

图 9-1 内蒙古自治区铬铁矿未开发基地分布图

2. 索伦山开发基地

该区分布在内蒙古自治区北部边疆,北与蒙古国交界,行政区划西侧大部分属巴彦淖尔市乌拉特中旗所辖,东侧少部分属包头市达尔罕茂明安联合旗所辖。属丘陵高原地貌,相对高差小于200m,属中温半干旱大陆性季风气候,境内无大的河流。

索伦山超基性岩体,分布在中蒙边境线,在内蒙古自治区境内,东西延伸100多千米,发现有5个超镁铁质岩体,是我国发现的最大的超基性岩体之一。1958—1963年经内蒙古自治区地质局207地质队进行详细普查,在该地区发现察汗胡勒、索伦山2个小型矿床和巴音301、两棵树、巴润索伦、巴音104、巴音查5个矿点。东部为阿布格-乌珠尔岩块,东西长20km,宽2~5km,出露面积23km²,目前,发现乌珠尔三号矿床小型矿床和桑根达来209、桑根达来206、桑根达来、塔塔4个矿点。该区铬铁矿产在地幔岩橄榄岩中,矿石工业类型为富铬的冶金型。

在该蛇绿岩带中,航磁、重力异常呈条带状和串珠状,尤其是地表无超基性岩出露,但有较好的航磁、重力异常,且两者套合较好,说明在该蛇绿岩带中,经过进一步做勘查工作,还有可能发现新的超镁铁质岩体,甚至能发现新的铬铁矿床。

由于种种原因,本区对铬铁矿的勘查工作,仅在20世纪五六十年代进行过普查,由于当时钻探技术的限制,勘查深度均小于400m,且岩矿芯的采取率较低,因此,运用新的技术及地质理论,在该区内通过新一轮地质普查工作,有望找到新的铬铁矿床基地。

另外,上述索伦山超基性岩体群延入蒙古国,超基性岩体出露面积相当,可寻找合适的机会,共同展开找富铬铁矿床的协作。

本次工作预测资源量A级78.110×10^4t,B级58.822×10^4t,C级95.932×10^4t,共计232.864×10^4t(表9-2),所有预测资源量均在500m以浅。

表9-2 索伦山开发基地最小预测区及预测产能一览表

最小预测区编号	最小预测区名称	预测产能($\times 10^4$t)
A1503204001	察汗胡勒	13.544
A1503204002	索伦山	19.300
A1503204003	两棵树	18.545
A1503204004	巴音查	2.295
A1503204005	桑根达来206	11.358
A1503204006	乌珠尔三号	8.406
A1503204007	塔塔	4.662
A级预测资源量合计		**78.110**
B1503204001	买卖滚东	5.679
B1503204002	索伦敖包	25.006
B1503204003	桑根达来209	18.933
B1503204004	乌珠尔舒布特北西	1.631

续表 9-2

最小预测区编号	最小预测区名称	预测产能($\times 10^4$ t)
B1503204005	查干诺尔西	6.773
B1503204006	哈尔陶勒盖北西	0.274
B1503204007	阿拉腾洪格尔东	0.526
B级预测资源量合计		**58.822**
C1503204001	哈日格那东	6.041
C1503204002	沃尔滚北	1.567
C1503204003	沙日胡都格北	65.802
C1503204004	沙布格北东	1.027
C1503204005	桑根达来209北西	4.717
C1503204006	乌珠尔三号西	3.763
C1503204007	查干诺尔北西	5.262
C1503204008	巴彦敖包	3.880
C1503204009	多若图北西	0.872
C1503204010	多若图北东	1.527
C1503204011	扎干图南东	0.137
C1503204012	胡吉尔特北东	0.154
C1503204013	阿尔乌苏南	0.514
C1503204014	好伊尔呼都格北	0.385
C1503204015	巴音塔拉苏木	0.285
C级预测资源量合计		**95.932**

第十章 结 论

一、主要成果

(1) 通过全省的铬铁矿单矿种潜力评价工作,使参加本项目的全体技术人员对技术要求的理解掌握和实际运用等有了较大幅度的提高,为其他矿种潜力评价的顺利开展打下了基础。

(2) 开展了成矿地质背景的综合研究,编制了预测工作区的地质构造专题底图。

(3) 开展了铬单矿种成矿规律研究工作,进行了矿产预测类型、预测方法类型的划分,圈定了预测工作区的范围。填写了典型矿床卡片,编制了典型矿床成矿要素图、成矿模式图、预测要素图和预测模型图。进行了预测工作区的成矿规律研究,编制了预测工作区的区域成矿要素图、区域成矿模式图、区域预测要素图和区域预测模型图。

(4) 对全区的物探、遥感资料进行了全面系统的收集整理,并在前人资料的基础上通过重新分析和地质、物探、化探、遥感综合研究,进行了较细致的解释推断工作。

(5) 对 6 个铬铁矿预测工作区进行了预测靶区的圈定和优选工作,使用地质体积法对每个预测工作区铬铁矿的资源量进行了计算(表 10-1)。

表 10-1 铬铁矿各种方法预测结果表

预测方法	地质体积法	
预测面积(km^2)	930.23	
预测深度(m)	500m 以浅	1 000m 以浅
预测资源量($\times 10^4$ t)	878.435	878.435

(6) 物探重、磁专题完成了 6 个铬铁矿预测工作区各类成果图件的编制。包括磁法工作程度图、航磁 ΔT 剖面平面图、ΔT 等值线平面图、ΔT 化极等值线平面图、推断地质构造图、磁异常点分布图、地磁剖面平面图、地磁等值线平面图、推断磁性矿体预测类型预测成果图,布格重力异常平面等值线图、剩余重力异常平面等值线图、重力推断地质构造图。并完成了以上各类成果图件的数据库建设。

(7) 物探重、磁专题完成了 4 个典型矿床所在位置地磁剖面平面图、等值线平面图;典型矿床所在地区航磁 ΔT 化极等值线平面图、ΔT 化极垂向一阶导数等值线平面图;典型矿床所在区域地质矿产及物探剖析图;典型矿床概念模型图。

(8) 通过对重、磁资料的综合研究,总结了内蒙古自治区的重磁场分布特征,对全区重磁异常进行了重新筛选、编号和解释推断。筛选航磁异常 3 个,剩余重力异常 2 个,并建立异常登记卡。

(9) 总结了预测工作区重、磁场分布特征,推断了预测工作区地质构造,包括断裂、地层、岩体、岩浆岩带、盆地等地质体。并指出了找矿靶区或成矿有利地区。

(10) 遥感专题组对铬矿预测工作区分别进行了遥感影像图制作,遥感矿产地质特征与近矿找矿标志解译,遥感羟基异常、遥感铁染异常提取,并圈定了 6 个成矿预测区。

(11)遥感专题完成了1个铬铁矿预测工作区各类基础图件编制和数据库建设,包括遥感影像图、遥感地质特征及近矿找矿标志解译图、遥感羟基异常分布图、遥感铁染异常分布图。并完成了相应的区域1∶25万标准分幅的影像图、解译图、羟基铁染异常图4类图件。

(12)开展了基础数据库维护工作和成果数据库建库工作。

二、质量评述

(1)所有的研究工作都基本遵循相应的技术要求和技术流程,满足全国矿产资源潜力评价项目总体要求。

(2)项目组、课题组均设立了质量检查体系,所有的图件等均经过自检、互检和抽检,并有记录,保证了项目的整体质量。

三、存在的问题及工作建议

(一)存在的问题

(1)内蒙古自治区地域广、面积大,成矿地质背景复杂,地质工作程度低,编图难度大,工作量巨大。

(2)内蒙古自治区中西部1∶20万原始资料收集不到,本次铬铁矿预测工作区编图使用的是成果地质图资料。

(3)本项目属开拓性、探索性极强的综合研究项目,涉及到的专业多、资料广,参加的单位多,且时间紧,因此在资料的研究程度和使用上存在很多问题。项目组人员多为第一次参加此类工作,理解认识上也不统一。

(4)项目组全体人员,连续加班,超负荷工作,尤其专业技术人员,年龄较大,脑力、体力严重透支。

(5)柯单山预测工作区内的超基性岩,基础编图组采用了柯单山硅质岩中的介形虫 $Ecfoprimitia$ sp. 经北京大学副教授安泰庠鉴定,认为时代为中奥陶世。2009年李锦轶等在柯单山取同位素年龄为$281\pm6Ma$,时代为早二叠世。其超基性岩成因也应重新认识。

(6)铬铁矿预测的4个典型矿床的资料均来自20世纪五六十年代,钻孔深度均小于400m,所以铬铁矿的预测深度均小于400m。由于预测深度的限制,预测的资源量也相对减小。

(二)工作建议

(1)全国项目组、大区项目组和省(自治区)级项目组要加强联系,对省(自治区)级项目组中出现的技术问题能及时解决,并能亲临现场指导工作。

(2)建议内蒙古自治区项目办成立专门的图件质量检查组,对提供给预测课题的各类图件进行把关,以保证项目整体进度。

(3)各参加单位应增加主要专业技术人员,确保能如期完成其他矿种的潜力评价工作。

(4)对索伦山和贺根山2个超镁铁质岩,应加大勘查力度,以寻找新的铬铁矿床。

主要参考文献

白文吉,李行,Bel L L. 内蒙古贺根山蛇绿岩的铬铁矿床生成条件的讨论[J]. 中国地质科学院,地质研究所所刊 1985,12 号.

白文吉,杨经绥,胡旭峰,等. 内蒙古贺根山蛇绿岩岩石成因和地壳增生的地球化学制约[J]. 岩石学报,1995(s1):112-124.

陈毓川,王登红,等,重要矿产预测类型划分方案[M]. 北京:地质出版社,2010.

李文国. 内蒙古自治区岩石地层[M]. 武汉:中国地质大学出版社,1996.

内蒙古自治区地质矿产局. 内蒙古自治区区域地质志[M]. 北京:地质出版社,1991.

邵济安,唐克东. 蛇绿岩与古蒙古洋的演化见[M]//张旗. 蛇绿岩与地球动力学. 北京:地质出版社,1990.

田昌烈,杨芳林,曹从周. 内蒙古贺根山蛇绿岩中造岩矿物成分及其结晶的温度和压力条件[J]. 中国地质科学院沈阳地质矿产研究所文集,1987.

王鸿祯,刘本培,李思田. 中国及邻区大地构造划分和构造发展阶段[A]//中国及邻区构造古地理和生物古地理. 武汉:中国地质大学出版社,1990.

王荃,刘雪亚,李锦轶. 中国华夏与安加拉古陆间的板块构造[M]. 北京:北京大学出版社,1991.

王荃. 内蒙古东部中朝与西伯利亚古板块间缝合线的确定[J]. 地质学报,1986,1:31-43.

王树庆,许继峰,刘希军,等. 内蒙古朝克山蛇绿岩地球化学:洋内弧后盆地的产物[J]. 岩石学报,2008,24(12):2 869-2 879.

张振法. 内蒙古东部区地壳结构及大兴安岭和松辽大型移置板块中生代构造演化的地球动力学环境[J]. 内蒙古地质,1993(2).

邹海波,周新民,周国庆. 含豆荚状铬铁矿蛇绿岩与非含矿蛇绿岩[J]. 地质与勘探,1992(4):30.

主要内部资料

蔡顺宝,等,内蒙古呼伦贝尔盟科尔沁右翼前旗呼和哈达铬铁矿普查报告[R]. 吉林省白城地区地质大队三分队,1975,1.

冯冶,等. 内蒙古自治区巴彦淖尔盟乌拉特中旗索伦山地区超基性岩铬铁矿详细普查评价地质报告[R]. 内蒙古自治区地质局 205 地质队,1963,12.

吉林省科右前旗呼和哈达铬铁矿地质详查报告[R]. 内蒙古自治区地质局 101 地质队一分队,1961,5.

李继宏,等. 内蒙古自治区克什克腾旗柯单山矿区铬铁矿详查报告[R]. 内蒙古自治区克什克腾旗易达矿业有阴责任公司,2007,4.

刘国玺,等. 甘肃省额济纳旗月牙山—洗肠井一带普查报告[R]. 甘肃省第四地质队,1976,12.

邵和明,张履桥. 内蒙古自治区主要成矿区(带)和成矿系列[R],内蒙古自治区地质调查院,2002.

魏文中.中国含铬铁矿超基性岩体的岩浆成分类型及成矿特征.中国地质科学院西安地质矿产研究所所刊,1981,3.

杨芳林.东北地区铬铁矿床类型及其成因初步探讨.中国地质科学院沈阳地质矿产研究所所刊,1982,3.

张焕军,等.内蒙古自治区锡林浩特市赫格敖拉矿区3756铬铁矿资源储量核实报告[R].内蒙古锡林浩特市华东铬铁矿,2008,6.